Ihr Hobby

Meerschweinchen

Christine Wilde

bede bei Ulmer

Das **Meerschweinchen**

Treuherzig schauende Knopfaugen, eine große Nase und eine laute Stimme – das ist unser erster Eindruck von einem Meerschweinchen. Aber die Fellkartoffeln haben noch viel mehr zu bieten.

Die Vorfahren unserer Hausmeerschweinchen kamen aus den peruanischen Anden, wo sie seit Jahrhunderten von den Einwohnern als Fleischlieferanten und Opfertiere gezüchtet werden.

Das Schweinchen aus Peru

Europa eroberten die kleinen Fellnasen ab dem 16. Jahrhundert auf Händlerschiffen. Ihren Namen verdanken sie vermutlich ihrer Reise per Schiff über das Meer und ihrem Quieken, das an das von Schweinen erinnert. In England werden sie auch „Guinea Pig" genannt, vermutlich weil die Seeleute sie für eine Guinee, ein damals gültiges Zahlungsmittel, verkauft haben. Die liebevollere englische Bezeichnung ist jedoch „Cavies", da Guinea Pig auch ein Ausdruck für Versuchstiere ist. Cavy leitet sich vom englischen „Cave" ab und dies bedeutet „Höhle", was ja der bevorzugte Wohnort wilder Meerschweinchen ist. Die lateinische Bezeichnung ist entsprechend *Cavia porcellus*, was übersetzt so viel wie „Höhlenschweinchen" bedeutet.

◄ **Bunte Rosettenmeerschweinchen** *gehören zu den ältesten Rassen.*

Verschiedene Fellfarben und Fellarten, wie die wuscheligen Rosetten, wurden zum ersten Mal schon in Peru gezielt gezüchtet. Heute gibt es Meerschweinchen in verschiedenen Größen und Farben, von Rot über Gold bis Schokolade, mit Schopf sowie langen oder gelockten Haaren. Durch diese Vielfalt können Meerschweinchenrassen ganze Bücher füllen.

Die Verwandtschaft

In Südamerika finden sich viele Verwandte unserer Meerschweinchen. Die Tschudi-Meerschweinchen (*Cavia tschudii*) sind schlanker und leichter als unsere Moppelchen. Die flinken Wieselmeerschweinchen (*Galea musteloides*) gehören zur Gattung der Gelbzahnmeerschweinchen, ihre Zähne sind mineralisierter, dadurch gelber und härter, als die unserer Hausmeerschweinchen. Zu der großen Familie der Meerschweinchenartigen gehören auch richtige Schwergewichte: Das Capybara, das auch „Wasserschwein" genannt wird, ist das größte Nagetier der Welt. Es kann bis zu 80 kg wiegen.

Der große Bruder

Die in den Anden heute noch als Fleischlieferanten gezüchteten Meerschweinchen werden Cuys genannt. Sie können bis zu 4,4 kg wiegen, sind häufig nervöser als die hier als Heimtiere gehaltenen Verwandten und werden nicht so zahm. Auch in Deutschland werden sie als Liebhabertiere gezüchtet und leider auch mit normalen Meerschweinchen verpaart. Diese Cuy-Mischlinge sind von normalen Meerschweinchen dadurch zu unterscheiden, dass sie größer und kräftiger, leider aber auch krankheits- und stressanfälliger sind.

QUICK BLICK:
DIE ZOOLOGISCHE ZUORDNUNG

▶ **Ordnung:** Nagetiere *(Rodentia)*

▶ **Unterordnung:** Meerschweinchenverwandte *(Caviomorpha)*

▶ **Überfamilie:** Meerschweinchenartige *(Cavioidea)*

▶ **Familie:** Meerschweinchen *(Caviidae)*

▶ **Unterfamilie:** Eigentliche Meerschweinchen *(Caviinae)*

▶ **Art:** Aperea *(Cavia aperea)*

▶ **Unterart:** Hausmeerschweinchen *(Cavia aperea porcellus)*

Typisch Meerschweinchen

Meerschweinchen haben einige Besonderheiten, die viele andere Nager und
auch Menschen nicht besitzen. Anderes ist uns wiederum gar nicht so fremd.

Körperbau
Auffällig ist der birnenförmige und eher run-
de Körper. Dieser wird von vier sehr kurzen
Beinchen getragen. Der rückgebildete Schwanz
ist nur noch als Ansatz an der Wirbelsäule zu
finden. Meerschweinchen haben einen runden,
spitz zulaufenden Kopf und an den Seiten große, nackte Öhrchen. Diese hängen bei moder-
nen Rassen herunter, bei manchen Schweinchen
stehen sie immer noch lustig ab. Die Weibchen
bringen es auf ein Gewicht von 800–1200 g, die
größeren Böcke können bis zu 1500 g wiegen.
Solange der Körper sich fest anfühlt, die Mus-
keln gut entwickelt sind und das Schweinchen
munter ist, machen ein paar Gramm mehr auf
der Waage nichts aus: lieber rund und gesund
als schlank und krank.

Füße
Anders als andere Nager haben Meerschweinchen an den hinteren Füßchen jeweils nur drei
Zehen mit hornartigen Krallen. An den Vorder-
füßen finden sich jeweils vier Zehen. Die Fuß-
sohlen sind nackt und sehr empfindlich.

Verdauung
Der Verdauungstrakt der Meerschweinchen
verfügt im Gegensatz zum Menschen nur
über eine schwache Muskulatur und ist darauf
angewiesen, dass nachkommende Nahrung
den Speisebrei voranschiebt. Deshalb dürfen
Meerschweinchen niemals hungern und müssen
rund um die Uhr Nahrung aufnehmen – bis zu
60 kleine Mahlzeiten am Tag.

◀ **Nicht nur** *besonders niedlich, sondern auch*
besonders leistungsfähig: die große Meerie-Nase.

Zähne
Vorne haben Meerschweinchen oben und unten
jeweils zwei Nagezähne. Die oberen Zähne
haben eine harte Außenschicht und eine weiche
Innenschicht, die unteren Zähne mahlen die
oberen Zähne deshalb sichelförmig weg. Im
hinteren Kiefer finden sich auf beiden Seiten jeweils oben und unten vier Backenzähne, die mit
intensiven und ständigen Mahlbewegungen die
Nahrung zerreiben. Alle Zähne wachsen zeitle-
bens nach. Bekommen die kleinen Schweinchen
nicht genug grobe und rohfaserhaltige Nahrung,
werden die Zähne zu lang, was schwere gesund-
heitliche Probleme zur Folge haben kann.

Mit allen Sinnen

Die auf den ersten Blick „einfach" erscheinenden Meerschweinchen haben außerordentliche Fähigkeiten. Ihre Wahrnehmung ist perfekt an ihre natürlichen Lebensumstände angepasst. In einigen Bereichen sind ihre Sinne denen von uns Menschen sogar weit überlegen.

Ohren

Meerschweinchen nehmen sehr hohe Töne mit einer Frequenz bis 45.000 Hz wahr. Bei Gefahr geben sie sogar Warnschreie in so hohen Frequenzbereichen ab, dass wir Menschen sie nicht mehr hören können. Das erklärt, warum manchmal alle Meerschweinchen im Gehege plötzlich losrennen, obwohl scheinbar alles ruhig ist.

Augen

Durch ihre weit auseinanderliegenden Augen ist den Meerschweinchen ein räumliches Sehen kaum möglich. Dafür können sie einen wesentlich größeren Radius wahrnehmen und erkennen Feinde und ihren Futterbringer sehr schnell. Farben unterscheiden sie gut, scheinen aber im Gegensatz zu Naturtönen grelle Farben nicht so gern zu mögen.

GESCHMACKSSINN

Meerschweinchen haben dreimal so viele Geschmacksrezeptoren wie Menschen und können auch feinste Geschmacksunterschiede feststellen. Deshalb mögen sie wohl einige Gurkenscheibchen lieber als andere, obwohl sie für uns alle gleich schmecken.

▲ *Durch ihre gewellten Schnurrhaare* können Rex-meerschweinchen sich weniger gut orientieren.

Schnurrhaare

Meerschweinchen haben im Gesicht Schnurr-haare, sogenannte Vibrissen. Damit können sie erkennen, ob sie durch eine Öffnung passen, und finden auch im Dunklen ihren Weg. Leider haben manche Rassen, vor allem Züchtungen mit gewelltem Haar und Nacktmeerschwein-chen, keine ausgeprägten Vibrissen mehr und sind damit einer wichtigen Möglichkeit zur Orientierung beraubt.

Nase

Die große Nase, die einem das kleine Schwein-chen am Morgen auffordernd entgegenstreckt, ist nicht nur besonders niedlich, sondern auch besonders leistungsfähig. Meeris können damit wesentlich differenzierter als wir Menschen Gerüche wahrnehmen. So erkennen sie ihren Menschen und ihre Freunde am Geruch und finden sogar im größten Heuberg die leckersten Kräuter und Grashalme.

Große Auswahl

Sie haben sich für Meerschweinchen als neue Mitbewohner entschieden? Bei der Auswahl des richtigen Anbieters spielen verschiedene Faktoren eine wichtige Rolle:

▶ Die Meerschweinchen müssen in großen, sauberen und nach Heu duftenden Gehegen untergebracht sein.
▶ Alle Tiere im Gehege kommen zur Fütterung, sind gesund, haben ein glänzendes Fell und offene Augen. Kranke Tiere sind separat untergebracht und werden normalerweise nicht abgegeben.
▶ Abgabetiere sind immer nach Geschlechtern getrennt, Weibchen sind nicht trächtig.
▶ Sie werden ausführlich und korrekt beraten.

Vom Tierschutz

Für viele Meerschweinchenfreunde ist der Tierschutz die erste Anlaufstelle, wenn sie sich neue tierische Mitbewohner wünschen. In Tierheimen und privaten Notaufnahmen warten viele Rassetiere und Mischlinge jedes Alters auf ein neues Zuhause.

Mein Tipp: Recherchieren Sie im Internet nach Notstationen in Ihrer Nähe. Die Böcke dort sind kastriert und die Tiere häufig gut sozialisiert und bereits in Gruppen integriert – mitunter sind sogar komplette Gruppen zu bekommen. Die Meerschweinchen werden gesund ernährt und der Pfleger kann Ihnen viel über Charakter, Eigenarten, kleine Macken und Vorlieben Ihrer neuen Hausgenossen erzählen, ohne dass eine Verkaufsabsicht dahinter steckt. Gerade für Anfänger empfiehlt es sich, ältere Tiere aufzunehmen, um erste Erfahrungen zu sammeln.

Aus Anzeigen

Viele Meerschweinchen werden in Zeitungen, Internetforen und Portalen angeboten, sehr günstig abgegeben oder manchmal sogar verschenkt. Scheinbar als Schnäppchen werden die Tiere nicht selten komplett mit Käfig und Zubehör angepriesen, doch Achtung: Die mitgelieferten Sachen sind nur selten tiergerecht und nicht immer werden korrekte Angaben über Alter, Geschlecht, Charakter und Gesundheitszustand der Tiere gemacht. Das kann zu vielen Problemen führen, denn manche Tiere saßen lange allein und sind nur schwer in Gruppen zu integrieren, andere sind krank oder trächtig und manche wurden schlecht behandelt. Einige kostenlose Meerschweinchen aus Anzeigen entpuppen sich also als echte Überraschungspakete, wählen Sie deshalb sehr gewissenhaft aus.

Vom Züchter

Hier bekommen Sie häufig Rassetiere in speziellen Farben und Fellvarianten. Suchen Sie sich Ihren Züchter sorgfältig aus, er muss alle vorab genannten Kriterien erfüllen und gibt nur gesunde Tiere ab.

Vom Fachhändler

In jedem Zoofachgeschäft und in vielen Zooabteilungen von Baumärkten gibt es Meerschweinchen. Bedenken Sie, dass Sie beim Kauf in einem Geschäft nicht so viel über die Herkunft, den Charakter oder den Gesundheitszustand der Tiere erfahren, da die Verkäufer kaum Zeit für einen intensiven Kontakt mit den häufig wechselnden Tieren haben. Meerschweinchen in Zooläden stehen unter Stress, da sie sich häufig auf neue Artgenossen einstellen müssen und ständig eine laute Geräuschkulisse auf sie einwirkt. Kaufen Sie auf keinen Fall kranke Tiere aus Mitleid frei, denn Sie werden keine Freude an diesem Tier haben und schon bald nimmt ein anderes dessen Platz ein.

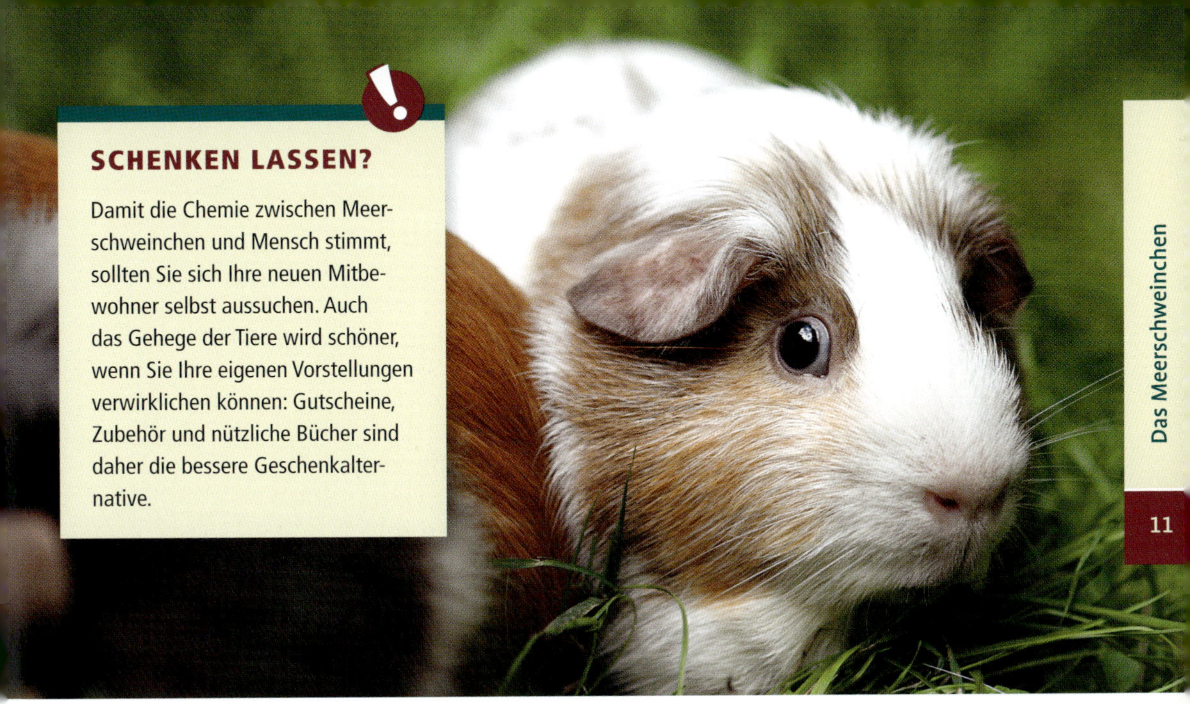

SCHENKEN LASSEN?

Damit die Chemie zwischen Meerschweinchen und Mensch stimmt, sollten Sie sich Ihre neuen Mitbewohner selbst aussuchen. Auch das Gehege der Tiere wird schöner, wenn Sie Ihre eigenen Vorstellungen verwirklichen können: Gutscheine, Zubehör und nützliche Bücher sind daher die bessere Geschenkalternative.

Kleine Schweinchen ziehen um

Kaufen Sie für den Transport nach Hause am besten eine große Transportbox für Katzen, die sich nach oben öffnen lässt. Diese wird später auch für Tierarztbesuche oder die kurzzeitige Unterbringung der Tiere gebraucht. Eingerichtet wird die Box mit Einstreu oder einem Handtuch, Heu, etwas Gemüse und möglichst einer Kuschelrolle oder einem Kuschelsack.

Damit Ihre neuen Meerschweinchen sich bei Ihnen direkt wohlfühlen, richten Sie das Gehege am besten schon vor deren Ankunft im neuen Zuhause ein. Dort angekommen, steht sofort ein Gesundheitscheck (siehe Seite 63) an. Notieren Sie das Gewicht und mögliche Besonderheiten, bevor die Fellnasen in ihr neues Reich einziehen. In den ersten Tagen brauchen sie Ruhe, deshalb sind turbulente Feiertage auch kein guter Einzugszeitpunkt. Haben Sie Geduld, wenn die Schweinchen sich anfangs nicht zeigen, sie brauchen immer eine Weile, um mit der neuen Situation klar zu kommen.

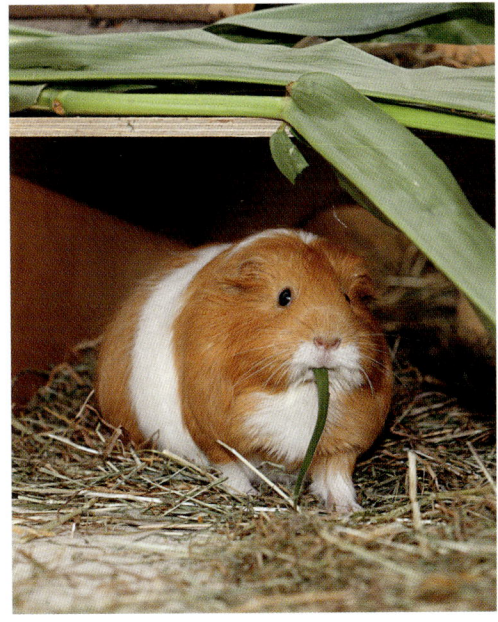

▲ **Leckeres Futter** *lockt auch scheue Schweinchen schnell aus ihrem Versteck.*

▲ **Dicke Freunde** – zusammen erkunden die beiden ihre Welt und treiben allerlei Unfug.

Meerschweinchen-
freunde

Ein anspruchsloses Wesen zum Kuscheln und Liebhaben –
das wünschen sich viele Menschen. Doch diese kleinen Dickköpfe
haben ganz andere Dinge im Sinn.

Wenn man mal ganz ehrlich sein will: Die Beziehung zwischen Mensch und Meerschweinchen ist selten besonders eng. Für große Meerschweinchengruppen ist der Zweibeiner nur der Futterbringer. Doch das bringt auch Vorteile.

Meerschweinchen und Menschen

Da Futter eine sehr große Rolle im Schweineleben spielt, ist der Zweibeiner mit gefüllter Futterschüssel ein gern gesehener Gast am Gehege. Fröhlich und laut muigend wird er begrüßt und Männchen machend reißen ihm die kleinen Racker das Futter aus der Hand. Nahezu alle Meerschweinchen erkennen ihren Menschen und bauen Vertrauen zu ihm auf: Sie rufen ihn, wenn sie Hunger haben und begrüßen ihn, wenn sie seine Schritte vor der Wohnungstür hören. Es gibt sogar sehr anhängliche Tiere, die ihrem Menschen beim Auslauf hinterherlaufen, sich ein wenig hinter dem Ohr kraulen lassen und sogar Spaß daran haben, mit ihm zu spielen. Fremden Menschen gegenüber sind Meerschweinchen meist ein wenig misstrauisch.

Meerschweinchen betreiben untereinander keine Fellpflege und kuscheln nur als Babys miteinander. Erwachsene Tiere sind immer auf Abstand bedacht und mögen es daher gar nicht, angefasst zu werden. Wenn der Mensch sie aus dem Gehege nimmt und streichelt, halten sie zwar still und schließen die Augen, aber nicht, weil sie sich entspannen: Genau so verhalten sie sich auch, wenn ein ranghohes Tier sie massiv unterdrückt und bedrängt. Sie brummen dann auch leise – aber nicht etwa, weil ihnen das Streicheln so gefällt, vielmehr beruhigen sich Meerschweinchen so gegenseitig. Sie mögen keine körperliche Nähe und kein Geschmuse, und kein normal sozialisiertes Schwein kommt freiwillig auf den Schoß geklettert, um sich streicheln zu lassen – Meerschweinchen sind keine Kuscheltiere!

Passen Meerschweinchen zu mir?

Bevor die neuen Hausgenossen einziehen, sollten Sie anhand der folgenden Punkte prüfen, ob diese anspruchsvollen Wesen in Ihr Leben passen.

Die Lebenserwartung eines Meerschweinchens liegt bei fünf bis acht Jahren. So lange muss die tägliche Versorgung gewährleistet sein und alle Familienmitglieder müssen mit der Anschaffung einverstanden sein.

Meerschweinchen haben jeden Tag Hunger. Nicht immer finden sich Familienmitglieder oder Freunde, um die Betreuung im Urlaub oder bei Krankheit zu übernehmen und die Tiere mit allem zu versorgen, was sie brauchen.

Meerschweinchen sind keine geeigneten Haustiere für sehr kleine Kinder! Kleinkinder bis fünf Jahre können oft noch nicht einschätzen, ob sie einem Tier schaden. Sie können ein Meerschweinchen nicht festhalten oder greifen sogar zu fest zu und verletzen das Tier dabei.

Vor dem Einzug sollten alle Mitbewohner einen Allergietest machen. Getestet wird auf Meerschweinchenhaare, Heu, Streu und die Futtermittel der Tiere. Nur wenn keine Allergie vorliegt, sollten die Tierchen einziehen.

Der tägliche Zeitaufwand für die Fütterung und Pflege einer Kleingruppe liegt bei gut 45 Minuten. Im Sommer, wenn frisches Grünfutter von der Wiese auf dem Speiseplan steht, kann das Pflücken natürlich länger dauern. Die wöchentliche Reinigung des Geheges und der Gesundheitscheck können mehrere Stunden in Anspruch nehmen.

Ein sauber gehaltenes Gehege stinkt nicht, kann aber kurz vor dem Reinigungstag schon mal ein wenig unangenehm riechen und es duftet auf jeden Fall immer nach Heu und Einstreu. Die Umgebung des Geheges ist häufig mit Heu und Streu verschmutzt und staubig.

▶ **Für Meerschweinchen** ist Heu lebensnotwendig! Allergiker könnten damit jedoch Probleme bekommen.

Wer also Wert auf eine klinisch saubere Wohnung legt, ist mit Meerschweinchen als Hausgenossen nicht gut beraten.

Die regelmäßigen Kosten für Einstreu, Heu und Stroh hängen von der Gruppen- und Gehegegröße ab. Pro Tier und Monat sind es etwa zehn Euro. Die Versorgung mit frischem Gemü-

se und weiteren Futtermitteln kann vor allem im Winter bei hohen Gemüsepreisen teuer werden. Im Sommer hingegen ist eine Versorgung mit kostenlosem Grünfutter und Saisongemüse recht günstig. Wird ein Meerschweinchen krank, können die Behandlungskosten die Anschaffungskosten weit übersteigen.

SPASS FÜR KINDER

Kinder bis acht Jahre können bei der Versorgung der Nager helfen, dürfen sie füttern und unter Aufsicht Kontakt aufnehmen. Ab zehn Jahren können sie den Meerschweinchen im Auslauf einen tollen Erlebnisparcours bauen und sie beschäftigen. Das Gehege gehört aber auf keinen Fall ins Kinderzimmer (siehe Standort, Seite 29).

Soziale Meerschweinchen

Meerschweinchen sollen einziehen, das steht nun fest. Doch wie viele sollen es sein, und passen sie zu Ihren anderen Heimtieren?

▼ **Mehr Schwein** *muss sein! Je größer die Gruppe, desto größer der Spaß!*

Nur im Team

Meerschweinchen fühlen sich nur in einer großen Gruppe wohl. Die Schweinekumpels geben Sicherheit, sorgen für Abwechslung und bringen erst richtig Leben in die Bude – wenn die Zusammensetzung der Gruppe stimmt. Weibchen können relativ problemlos in großen Gruppen gehalten werden. Allerdings sind sie mitunter etwas zickig und ein kastrierter Bock kann Ruhe in die Gruppe bringen. Mehrere Böcke – ob kastriert oder nicht – in einer Weibchengruppe streiten allerdings um die Damen, diese Gruppenkonstellation ist für Anfänger nicht ratsam und auch Experten scheiterten oft daran. Böcke vertragen sich normalerweise nur dann gut, wenn sie kastriert sind und keine Weibchen im Gehege wohnen. Eine Gruppe mit mehreren Weibchen und einem kastrierten Bock ist am harmonischsten und für den Anfänger zu empfehlen.

Nur in einer Meerschweinchengesellschaft mit mehreren Altersstufen können Jungtiere ein gutes Sozialverhalten lernen. Deshalb dürfen die Kleinen niemals allein gehalten werden. Ein einzelnes Jungtier in einer Gruppe alter Tiere langweilt sich schnell und überfordert diese mit seinem wilden Gehabe. Auch ein älteres Schweinchen allein mit mehreren jungen ist schnell genervt. Zwei junge und zwei alte Tiere bilden schon eine harmonische Gruppe.

Böckchen kastrieren

Bei der Kastration werden dem Bock von einem Tierarzt unter Narkose die Hoden entfernt. Danach behält er sein typisches Verhaltensrepertoire bei: Er umwirbt, beschützt und deckt die Damen, aber unerwünschter Nachwuchs bleibt aus. Eine Frühkastration mit etwa 250 g und im Alter von drei Wochen wird erfahrungsgemäß sehr gut vertragen. Sobald die Jungen aus der Narkose aufgewacht sind, dürfen sie wieder zu ihrer Familie. Ältere Böcke sind nach einer Kastration noch bis zu sechs Wochen zeugungsfähig und dürfen erst dann wieder mit Weibchen vergesellschaftet werden.

▼ **Meerschweinchen wollen** *nicht alleine leben.*
Nur mit Artgenossen fühlen sie sich wohl!

HÄTTEN SIE´S GEWUSST?

Die wilde Verwandtschaft unserer Hausmeerschweinchen lebt im Harem. Ein
Bock wohnt mit bis zu drei Weibchen und
deren Nachwuchs zusammen. Meist hat
er dabei sogar eine Lieblingsfrau, die ihm
näher steht und bei der er häufiger liegt. Er
beschützt seinen Harem und verteidigt ihn.
Mehrere solcher Harems bilden dann eine
Meerschweinchengruppe.

Böcke in Gruppen

Es ist möglich, mehrere Meerschweinchen-
böcke in einem Gehege zu halten. Dafür werden
die Tiere möglichst jung zusammengebracht.
In bestehende Gruppen werden nur Jungtiere
integriert oder Böcke, die sehr ruhig sind und
Erfahrung mit Männer-Wohngemeinschaften
haben.

Böcke haben eine sehr strenge Rangordnung
und fechten diese regelmäßig neu aus, puber-
tierende Jungböcke fangen mit etwa vier bis
acht Wochen damit an. Spätestens mit sechs
Monaten meinen sie das auch richtig ernst. Um
größere Probleme zu vermeiden, sollten sie bis
dahin kastriert sein. Große Bockgruppen benötigen einen erfahrenen Halter, der Probleme
innerhalb der Gruppe schnell erkennt und entsprechend handeln kann, sowie sehr viel Platz:
mindestens 1 m² Grundfläche pro Tier. Alle
Unterschlüpfe sollten zwei Öffnungen haben,
damit die kleinen Streithähne sich aus dem Weg
gehen können.

*Ohne soziale Kompetenz geht nichts: Nur in
Gruppen aufgewachsene Böcke haben gelernt,
wie sie miteinander umgehen müssen – sie
kennen die „Schweinikette".*

In kleineren Bockgruppen mit ungerader
Anzahl gibt es häufiger Probleme. Auch bei
harmonischen Gruppen sollte immer damit
gerechnet werden, dass die Böcke sich streiten
und getrennt untergebracht werden müssen.
Dann braucht jeder Bock nach der Kastration
weibliche Gesellschaft.

Freunde finden

Damit aus Fremden Freunde werden, ist es wichtig, dass die Meerschweinchen sich langsam kennenlernen und vorsichtig annähern können.

Voraussetzungen

Ein großes Gehege oder ein großer Auslauf bietet genügend Platz, damit sich die Gruppe in Ruhe annähern kann. In dem Gehege werden nur Unterschlüpfe angeboten, in denen sich die Schweinchen problemlos aus dem Weg gehen können (siehe Seite 38). Hier ist es zur Vermeidung von Streit besonders wichtig, dass ein rangniederes oder auch neues Schweinchen den Rückzug antreten kann. Verteilen Sie an vielen Stellen im Gehege Heu und Frischfutter, denn Fressen beruhigt die Nerven und lenkt von Problemen mit Artgenossen ab.

Erstes Kennenlernen

Zuerst werden die fremden Schweinchen in das Gehege gesetzt und haben Zeit, die Umgebung kennenzulernen und ihre Fluchtwege zu finden. Dann dürfen die alteingesessenen Meerschweinchen dazu. Häufig putzen sich dann alle Tiere, fressen oder tun einfach so, als wäre nichts – Meerschweinchen neigen dazu, Probleme erst einmal zu ignorieren. Irgendwann werden die Schweinchen aufeinandertreffen. Meist geht das noch relativ harmlos ab, sie beschnüffeln sich gegenseitig im Gesicht und am Hinterteil, und mitunter sind sie dann schon beste Freunde und fressen friedlich nebeneinander weiter.

Ränge klären

Oft kommt es jedoch, sogar Tage nach dem ersten Kennenlernen, zur Rangfindung. Dabei jagen sich die Schweinchen und rennen voreinander weg. Wenn zwei Tiere richtig aneinandergeraten, stellt sich das Fell auf, sie brummen sich an, stehen sich seitlich gegenüber und steigen von einem Beinchen aufs andere. Weibchen quietschen dann mitunter sehr laut.

Die Schweinchen bedrohen sich, indem sie das Köpfchen hochwerfen und zuschnappen. Meist endet das damit, dass zwei sich jagen und versuchen, aufeinander aufzusteigen. Gelingt das, ist der Rang häufig schon geklärt.

Aufregung

In der ersten Zeit einer Vergesellschaftung ist die ganze Schweinchentruppe sehr gestresst. Bisher beste Freunde streiten sich, alle rennen beim kleinsten Problem durchs Gehege und es wird häufiger laut. Das ist aber alles unbedenklich und gehört zum normalen Kennenlernen dazu. Es wäre ein großer Fehler, die Tiere nur wegen eines Streits zu trennen, weil sie dann ihren Rang wieder neu ausfechten müssten.

◄ **Wer bist du denn?**
Erstmal beschnuppern ...

Das passt nicht

Bei nicht gut sozialisierten Tieren aus Einzel- oder Kleinstgruppenhaltung kann es bei den ersten Begegnungen häufiger dazu kommen, dass sie ein Knäuel bilden und sich heftig beißen. Dabei kann es manchmal zu tieferen Bisswunden kommen, die vom Tierarzt versorgt werden sollten. Nach wenigen Stunden sollten sich die Tiere aber beruhigen. Fügen sich die Meerschweinchen weiterhin beim späteren Aufeinandertreffen ernsthafte Wunden zu, jagen sie sich massiv und kommen sie nicht zur Ruhe, dann passen sie leider nicht gut zusammen. Nicht immer werden aus Fremden auch Freunde. Deshalb sollten Streithähne in verschiedenen Gruppen untergebracht werden, denn Freundschaft lässt sich nicht erzwingen.

▼ **Besteigen** *gehört zur Rangordnungsfindung, hat manchmal aber auch „unanständige" Gründe.*

Andere Tiere?

Immer noch werden viele Meerschweinchen mit Kaninchen zusammen gehalten. Dabei ist mittlerweile bekannt, dass diese beiden Tierarten gar nicht zusammenpassen und sich auf unterschiedliche Weise verständigen. Schweinchen mögen keinen Körperkontakt, Kaninchen hingegen betreiben gern gegenseitige Fellpflege. So wird also das Schweinchen gegen seinen Willen abgeschleckt, putzt aber das Kaninchen nicht, was dieses doch so sehnsüchtig erwartet. Abgesehen von ihren unterschiedlichen Verhaltensweisen stellen die beiden Tierarten auch andere Ansprüche an ihre Behausung und Nahrung und sie haben sogar verschiedene Aktivitätszeiten. Leider kommt es bei gemischten Gruppen auch immer wieder zu Aggressionen und Verletzungen. Deshalb sollten Meerschweinchen und Kaninchen nicht zusammen in einem Gehege wohnen.

Hunde und Katzen sehen Meerschweinchen mitunter als Spielgefährten an oder akzeptieren sie als Familienmitglieder. Aber wie bei allen Jägern kann jederzeit auch beim liebsten Hund und bei der harmlosesten Katze der Jagdtrieb

Was	Hört sich an wie …	Wann
Muigen	Es klingt wirklich wie ein „muig muig" und wird verschieden schnell und in verschiedenen Lautstärken geäußert.	Meerschweinchen muigen bei vielen Gelegenheiten: zur Unterhaltung, bei Stress, bei Streitigkeiten – und manche plappern auch einfach so.
Lautes Quieken	Ein lauter, stoßweiser und drängender Rufton. Es klingt ein wenig wie das Quieken von richtigen Schweinen.	Wenn sie ihren Halter wissen lassen möchten, dass Fütterungszeit ist. Auch ein Warnruf.
Leises Muckern	Ein leises „muck muck" in tiefer Stimmlage, das bei Aufregung etwas höher klingt.	Zeigt Ruhe und Wohlfühlen an, manche Schweinchen kommentieren damit jeden ihrer Schritte.
Brommseln	Ein knatterndes, brummendes und mitunter gurrendes Geräusch in tiefen Stimmlagen.	Damit umwerben die Böcke Weibchen oder fechten Rangordnungsstreitigkeiten aus.
Gurren	Ein leises, brummendes Geräusch, ähnlich dem Schnurren einer Katze.	Zur Selbstberuhigung bei Aufregung oder wenn ein Artgenosse zu nahe kommt.
Zirpen	Ein lautes, ab- und anschwellendes und sehr eintöniges Zwitschern, ähnlich dem Zwitschern eines Vogels.	Dient dem Stressabbau und wird häufiger während der Pubertät und der Brunft sowie von rangniederen Tiere geäußert.

durchkommen, und dann verletzen oder stressen sie die Meerschweinchen. Sie sollten deswegen niemals ohne kompetente Aufsichtsperson bei den Meerschweinchen sein dürfen, auch wenn diese im Gehege sind.

Große Reptilien, Schlangen und Vögel können den Schweinchen nicht nur instinktive Angst machen, sondern sogar gefährlich werden. Eine strikte Trennung ist sinnvoll.

▼ *Mit den Zähnen* knuspeln dient der Zahnpflege. Wird mit den Zähnen geklappert, ist das ein Warnlaut!

So bin ich

Die kleinen Nager haben sich sehr viel zu sagen und ihre Lautsprache reicht da längst nicht aus. Sie zeigen ihre Stimmung deutlich durch ihre Körpersprache.

MIR NACH!

Besonders süß anzusehen ist der Gänsemarsch. Dabei geht meist ein ranghohes Tier vorsichtig vorweg und die anderen Meerschweinchen laufen vertrauensvoll in einer Reihe hinterher. So werden unbekannte Gebiete – das kann auch ein frisch geputztes Gehege sein – sicher erkundet.

Was ist das? Gib's her!

Reckt das Schweinchen einem die Nase entgegen, macht es dabei Männchen und muigt es vielleicht noch, dann ist es nicht nur sehr neugierig, es will auch gern ein Leckerchen abstauben.

In Deckung!

Beim geringsten Anzeichen von Gefahr laufen alle Meerschweinchen sofort weg, denn sie sind sogenannte „Fluchttiere". Nur wenn das Tierchen keinen Fluchtweg sieht oder sich arg erschreckt hat, bleibt es mit aufgerissenen Augen und schwer atmend regungslos sitzen.

Auf dem Schoß gibt es sich dann sogar ganz auf, schließt die Augen und wartet nur noch, bis alles aufhört. Setzen Sie das Tier dann ab in seine gewohnte Umgebung und streicheln sie es nicht weiter.

Bleib weg!

Schlägt ein Schweinchen mit dem Kopf hoch, will es damit Artgenossen – und auch seinen Menschen – auf Abstand halten. Ein hoch erhobener Kopf, vielleicht sogar mit offenem Mäulchen, ist eine Drohgebärde: Diesem Meerschweinchen sollte man jetzt nicht zu nahe kommen.

Einfach so

Lustig ist das sogenannte „Popcornen". Die Meerschweinchen machen wilde Bocksprünge und rennen dabei mitunter auch übermütig herum – wie in der Pfanne springendes Popcorn. Besonders bei jungen Meeries kann das häufig beobachtet werden, die älteren Semester tun es seltener und weniger elegant. Meerschweinchen können diese Sprünge nicht kontrollieren oder gar steuern, es überkommt sie einfach. Es ist in erster Linie eine Übersprunghandlung bei Aufregung und wird meist als positives Zeichen von Lebensfreude gesehen, aber es kann auch durch massiven Stress ausgelöst werden.

Wer bist du?

Die kleinen Schweinchen beschnüffeln sich zur Begrüßung im Gesicht und auch am Hinterteil. Sie laufen hintereinander her, versuchen zur Rangklärung von hinten aufzureiten und jagen sich auch mitunter wild durchs Gehege, wenn sie sich nicht einig sind. Böcke werben um die Weibchen, indem sie sich seitlich stellen, von einem Hinterbeinchen aufs andere tänzeln und tief brummen. Kommt ihnen allerdings ein Artgenosse zu nah, dann klappern Meerschweinchen laut mit den Zähnen. Weibchen haben eine unangenehme Art, sich aufdringliche Artgenossen vom Leib zu halten: Sie heben den Po und verspritzen Urin – und zwar bis zu 80 cm weit und 30 cm hoch.

Ups – verschluckt!

Meerschweinchen können genau wie wir Menschen einen Schluckauf kriegen. Das sieht lustig aus, ist aber unbedenklich. Weniger erfreulich ist es für sie allerdings, wenn sie sich verschlucken. Mitunter bleiben bei besonders gierigen Schweinchen Futterbrocken zwischen den Backenzähnen stecken: Dann röcheln die Tiere und versuchen, den Fremdkörper mit der Pfote herauszubekommen. Dauert das länger als wenige Minuten, können Sie dem Tier helfen, indem Sie das Futterstück vorsichtig mit einem Teelöffelstiel aus dem Mäulchen entfernen.

23

HÄTTEN SIE´S GEWUSST?

Putzt sich das Schweinchen gerade den Po und kaut genüsslich auf etwas herum, dann frisst es seinen eigenen Kot. Das ist ganz normal und sollte nicht unterbunden werden, die Schweinchen nehmen so Nährstoffe auf.

▲ **Eine mit Heu** gefüllte Brötchentüte
ist ein interessantes Spielzeug, ein sicherer
Unterschlupf – und außerdem lecker.

Wohnwelten
für Meerschweinchen

Die wuseligen Nager brauchen ein Reich, in dem sie sich so schweinisch benehmen können, wie sie möchten. Gut geplant und eingerichtet, wird das Heim schnell Blickfang und Mittelpunkt der Wohnung.

Kleine Gitterkäfige, in denen die Tiere aufbewahrt werden, haben schon längst ausgedient. Niemand möchte seine pelzigen Freunde gern hinter Gittern sehen. Was in zoologischen Gärten mittlerweile ganz normal ist, wird auch zunehmend bei Heimtieren praktiziert: große Gehege, die dem natürlichen Lebensraum nachempfunden sind.

Wohn(t)raum

Die Größe des Geheges richtet sich natürlich nach der Größe der gehaltenen Gruppe. Gut 0,5 m² Bodenfläche pro Tier ist angemessen, wenn die Meerschweinchen zusätzlich ganztägig Auslauf bekommen. Sollen sie ihr Leben ganz im Gehege verbringen, ist 1 m² pro Tier gerade groß genug. Etagen zählen erst ab einer Größe von 1 m². Diese Richtgröße gilt auch für große Gruppen, da jedes Tier seine Privatsphäre gewahrt haben möchte – mehr Platz ist natürlich immer besser.

Nicht nur die Größe des Geheges ist entscheidend für das Wohlbefinden unserer kleinen Fellnasen, auch die richtige Struktur ist wichtig (siehe Seite 38). Das Gehege sollte mindestens 80 cm tief und 180 cm lang sein, damit es nicht zu eng ist, gut strukturiert werden kann und die Schweinchen kurze Sprints einlegen können. Eine große Fläche ist vor allem für die Fütterung nötig, damit die ganze Gruppe bequem fressen kann, ohne dass sich die Tiere gegenseitig bedrängen, und damit auch rangniedere Tiere ihren Anteil problemlos abbekommen.

Meerschweinchen sind zwar flink und clever, aber wenn sie sich in ihrem Gehege wohlfühlen, bleiben sie lieber dort, wo der Heuberg liegt. Deshalb reichen 25–30 cm hohe Wände aus, um sie am Ausbrechen zu hindern. Das erleichtert die Haltung sowie die notwendigen Eigenbauten, und eine einfache Umrandung als Laufgehege kann schnell auf- und wieder abgebaut werden. Da die kleinen Schweinchen sich überall im Gehege erleichtern, muss der Boden resistent gegen Urin sein. Eine feste Plane, ein PVC-Boden, eine Wachstischdecke, eine dicke Lackschicht oder eine beschichtete Spanplatte verhindern bei Eigenbauten, Etagen oder im Auslaufbereich Verschmutzungen. Achten Sie darauf, dass die Schweinchen den Bodenbelag auf keinen Fall benagen können, denn die meisten Kunststoffe sind giftig.

Gehegearten

Für jeden Geschmack gibt es die passenden Möglichkeiten, Meerschweinchen tiergerecht unterzubringen. Auch einen schon vorhandenen Käfig können Sie leicht in die große Schweinchenwelt integrieren. Dazu stellen Sie einfach die Gitter handelsüblicher Hamsterausläufe vor den Käfig, entfernen die Käfigtür und bieten den Tieren dort eine Rampe als Ausgang an.

▼ **Ein großes Gehege** für eine große
Schweinetruppe, das viel Abwechslung bietet.

Klebe- und Klappgehege
Eine weitere einfache und doch dekorative Variante zur Unterbringung von Meerschweinchen ist das Klebegehege. Es lässt sich problemlos in jede Wohnung integrieren, ist bei Bedarf schnell weggeräumt und dient auch als Auslaufbegrenzung. Es kann einfach vergrößert und sogar von Kindern selbst gebastelt werden. Im vorderen Bereich besteht das Gehege am besten aus durchsichtigen Elementen wie Plexi- oder Bastlerglas, das im Baumarkt günstig und schon in der passenden Größe zu bekommen ist. Die Rückwände können aus beschichtetem

Sperrholz, Hartfaserplatten oder Bastlerplatten gebaut werden. Beispielsweise wird aus zwölf Platten mit den Maßen 50 x 25 cm und einer Rolle Gewebeklebeband schnell ein 2 m² großes Gehege – und die Materialien kosten nur rund 25 Euro.

Um das Gehege zu bauen, werden die Platten einfach an den kurzen Seiten beidseitig mit dem Gewebeklebeband verbunden. Damit das Gehege für den Auslauf leicht geöffnet werden kann, wird eine Platte mit Klettverschlüssen an den Nachbarplatten befestigt.

Über Eck aufgestellt, bleibt das Gehege von selbst stehen. Um die Wände der Wohnung vor Urinspritzern zu schützen, sollten die Rückwände doppelt so hoch sein.

Wenn das Gehege robuster sein soll, können Sie natürlich auch lackiertes Sperrholz verwenden. Dieses wird mit Scharnieren versehen oder mit Schrauben fest verbunden.

▼ **Ein Eigenbau** *kann schnell und einfach durch ein Klappgehege erweitert werden.*

Holzeigenbauten

Etwas aufwendiger und kostspieliger sind Holzeigenbauten. Sie sind nur nötig, wenn die Meerschweinchen vor dem Zugriff von sehr kleinen Kindern oder Haustieren geschützt werden sollen. Das Gehege kann aus lackiertem Massivholz oder beschichteter Spanplatte bestehen.

▶ **Einfacher Eigenbau:** Die Bodenplatte wird in ein Grundgerüst aus Vierkanthölzern eingepasst. Von außen werden die Seiten- und Rückwände gegen das Gerüst geschraubt. Vergitterte Fenster an den Seitenwänden bieten eine gute Belüftung.
Für die Vorderfront werden Nuten in die Seitenteile gefräst oder Schienen angeschraubt. Dort werden entsprechend große Plexiglasscheiben so eingeschoben, dass sie zum Reinigen des Geheges leicht wieder entfernt werden können. Bei größeren Vorderfronten müssen mehrere Zwischenteile eingebaut werden. Soll das Gehege gegen andere Tiere gesichert werden, ist ein passgenauer Deckel wichtig: Dafür wird ein Rahmen aus Vierkanthölzern mit viereckig punktverschweißtem Volierendraht bespannt.

▶ **Etagengehege:** Bei Platzmangel können die munteren Meerschweinchen auch in Etagengehegen untergebracht werden. Diese haben den Vorteil, dass die Meerschweinchen auf höheren Etagen ihren Halter direkt auf Augenhöhe um Leckerchen anbetteln können. Allerdings muss klar gesagt werden: Meerschweinchen sind reine Bodenbewohner und das Klettern liegt ihnen nicht. Ein Kletterkäfig mit kleinen Flächen auf mehreren Etagen ist also nicht sinnvoll.
Jede Etage, die als Lebensraum nutzbar sein soll, muss mindestens 1,5 m² Bodenfläche aufweisen. Eine Tiefe von 80 cm sollte nicht unterschritten werden. Damit Einrichtungsgegenstände gut untergebracht werden kön-

nen und das Gehege nicht zu dunkel wird, ist ein Abstand von etwa 50 cm von einer Etage zur anderen sinnvoll.
Wer nicht selbst bauen will, kann mehrere fertige Regale vor- und nebeneinanderstellen und sie miteinander verbinden. Als Rückwand dient eine beschichtete Platte. An den Seiten und vorne werden auf jeder Etage 25 cm hohe, durchsichtige Umrandungen angebracht. Der Platz darüber wird mit Volierendraht gesichert. Ist die Vorderfront leicht zu öffnen, kann das Gehege einfacher gereinigt werden. Die einzelnen Etagen werden mit Rampen verbunden, die mindestens 10 cm breit sind und deren Winkel 45° nicht übersteigt.

TIPP

Farbiger Lack oder Klarlack zur Beschichtung unbehandelter Hölzer beim Gehege- oder Einrichtungsbau sollte ungiftig, umweltfreundlich und auf Wasserbasis sein. Damit er für die Schweinchen und die Familie ganz sicher unbedenklich ist, eignet sich besonders Lack mit der Kennzeichnung „für Kinderzimmereinrichtungen geeignet".

▲ **Geschwungene Ränder** sind dekorativ und nehmen Holzeigenbauten ihr kistenähnliches Aussehen.

Standort

Schlaf- und Kinderzimmer sind für das Gehege nicht geeignet. Der Staub der Einstreu und der Lärm der Schweinchen beeinträchtigen den gesunden Schlaf. Auch im Flur fühlen sich Meerschweinchen nicht wohl, hier sehen sie nur Beine, die an ihnen vorbeirennen und der Durchzug kann sie krank machen. Das Gehege steht am besten im Wohnraum oder im Arbeitszimmer, hier bekommen die Tiere genug Aufmerksamkeit von ihrem Halter und haben wenig Stress.

Natürliches Licht, am besten Morgen- oder Abendsonne, hält die Tierchen gesund. Die massive Aufheizung des Geheges durch Sonne oder eine andere Wärmequelle sollte allerdings vermieden werden. Eine Temperatur von 17–20 °C wird als angenehm empfunden. Meerschweinchen haben empfindliche Nasen und sind Nichtraucher: Tabakqualm, Raumdüfte und Räucherstäbchen legen ihren Geruchssinn lahm und machen sie krank.

Gartenparadies

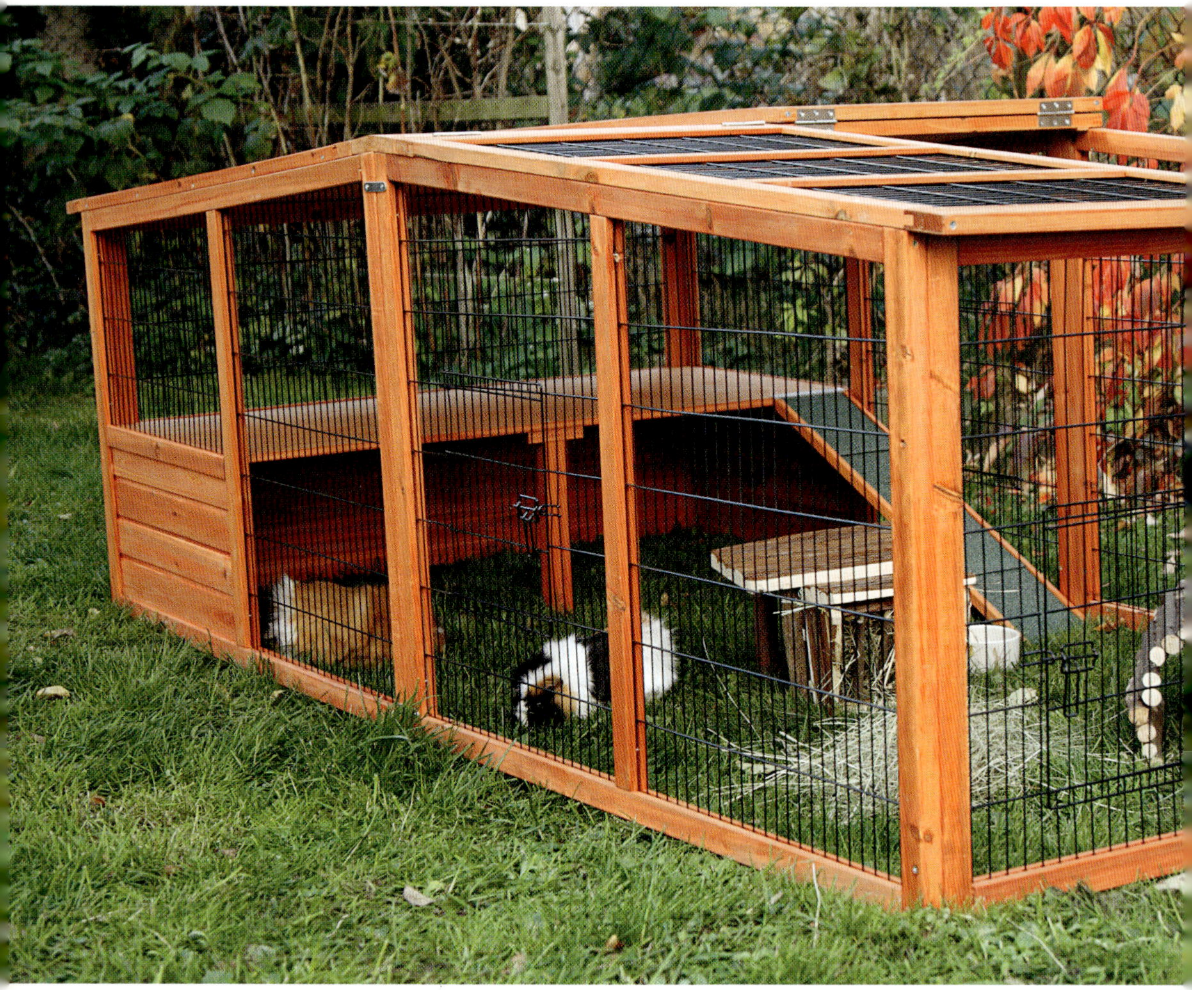

Eine warme Sommerbrise, die über das Gras streicht und der Geruch von frischem Grün, das lässt das Meerschweinchenherz höherschlagen. Gönnen Sie Ihren kleinen Freunden deswegen nach Möglichkeit einen Sommerurlaub im Garten. Sobald es keine Nachtfröste mehr gibt und die Temperaturen am Tag auf 15 °C ansteigen, können die Tiere langsam an den Auslauf im Garten gewöhnt werden.

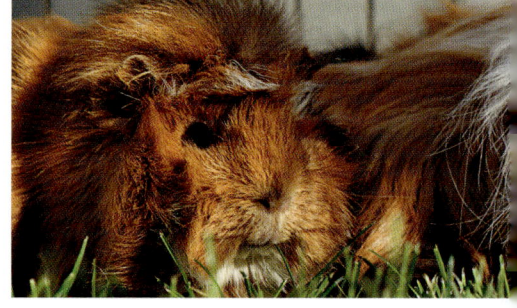

Tagesauslauf

Variable Gitterausläufe als Aufenthaltsort für den Tag gibt es im Fachhandel. Allerdings sind diese meist zu klein zum Toben und deshalb sollten mehrere davon verbunden werden. Der Auslauf wird täglich auf ein frisch nachgewachsenes Wiesenstück gesetzt und die Schweinchen dürfen raus, sobald das Gras nicht mehr taunass ist. Von oben muss der Auslauf mit einem Netz gegen Katzen und Vögel gesichert werden. Wassernapf, Heutankstelle und große Unterschlüpfe müssen immer vorhanden sein und ein Teil des Auslaufes muss im Schatten liegen – berechnen Sie mit ein, dass die Sonne wandert.

Urlaub im Garten

Wer seine Tiere im Sommer komplett im Garten unterbringen möchte, benötigt pro Kleingruppe von drei bis vier Tieren eine gesicherte und möglichst große Schutzhütte. Dort verbringen die Schweinchen die Nacht und können sich am Tage zurückziehen. Die hintere Wand der Schutzhütte wird in Hauptwindrichtung aufgestellt. Bei schlechtem Wetter wird die vergitterte Vorderfront abgedeckt, achten Sie dabei auf eine ausreichende Belüftung. Natürlich müssen die Schweinchen ganztags Auslauf bekommen. Sollen sie den Auslauf auch nachts nutzen, muss dieser auch von unten gegen Marder und andere grabende Jäger gesichert werden. Dazu wird ein Gitter unter der gesamten Fläche vergraben.

◀ *Ein beliebtes* Meerie-Hobby: gemeinsames Grasen im Sonnenschein.

Außengehege

Besonders beliebt sind selbstgebaute Pyramidengehege. Meist haben sie eine Grundfläche von 6–8 m² für eine größere Meerschweinchentruppe. Die Seitenwände laufen bei diesem Gehege spitz zusammen, nur in der Mitte kann der Halter aufrecht stehen. Diese Pyramidengehege sehen nett aus und nehmen nur wenig Platz in Anspruch.

Das hintere Drittel des Geheges wird rundherum mit Massivholz verkleidet, hier wird auch der gesicherte Schutzbereich eingerichtet. Der Rest des Geheges wird mit Volierendraht gesichert. Für schlechtes Wetter werden an den Seitenteilen Planen angebracht, die bei Regen heruntergelassen werden können.

Am Rand 50 cm tief eingegrabener Volierendraht oder senkrecht eingelassene Gehwegplatten sichern das Gehege vor Fressfeinden wie Mardern und Ratten.

Um ganz sicher zu gehen, können Sie auch unter dem kompletten Boden in 50 cm Tiefe Volierendraht verlegen. An der Vorderseite des Geheges wird natürlich eine Tür angebracht, damit die Tiere leicht versorgt werden können.

Für die ganzjährige Außenhaltung werden gut isolierte Schutzhütten mit Außenwänden aus mindestens 15 mm dickem Holz benötigt. Luftlöcher am oberen Rand der Hütte garantieren eine ausreichende Luftzirkulation und beugen Kondenswasser vor, das Erkrankungen begünstigt. Die Schutzhütte muss allen Meerschweinchen aus einer Kleingruppe Platz bieten. Ideal sind 40–50 cm hohe Ställe mit einer Grundfläche von etwa 0,5–0,6 m². Eine Wand zwischen Eingangs- und Wohnbereich schützt vor Zugluft.

Die Nähe zum Haus oder zur Terrasse ist sinnvoll, damit Sie Ihre Schweinchen jederzeit beobachten und sich an ihnen erfreuen können.

Ein Teil des Auslaufes muss vor allem im Sommer im Schatten liegen. Mülltonnen, Komposthaufen und Klärgruben sollten weit genug von den Schweinchen entfernt sein. Die dort lebenden Insekten und Schädlinge können den Meerschweinchen gefährlich werden und der Geruch ist den Meerschweinchen unangenehm.

Auch größere Gehege sind möglich. Der Fantasie sind keine Grenzen gesetzt. Die einfachste Variante sind sicher senkrecht eingelassene Holzbohlen, die von drei Seiten und von oben mit Volierendraht gesichert werden. Auf der vierten Seite wird an einer Stelle wieder ein Bereich eingerichtet, der rundherum gegen die Witterung geschützt ist, pro Tier sollte dieser Bereich 0,5 m² groß sein. Als Schutzhaus für größere Gruppen eignen sich beispielsweise kleine Gartenhäuschen aus dem Baumarkt. Es ist auch möglich, den Boden des Geheges mit Gehwegplatten auszulegen oder zu betonieren, dann muss das Gehege allerdings komplett eingestreut werden, damit es nicht zu fußkalt wird (siehe Seite 52).

GARTENWOHNIDEEN

Haselnuss-, Johannisbeer- und Heidelbeerbüsche sind sehr beliebte Schattenplätze. Um die Büsche vor dem Zernagen zu retten, sollte der untere Teil gut 20 cm hoch eingezäunt werden. Nadelbäume wie Kiefer, Tanne und Fichte eignen sich auch für das Außengehege. Thuja und Eibe sind jedoch giftig!

Steine können auf verschiedene Weisen zu Verstecken und Treppen zusammengelegt werden und bieten kühle Schlafplätze.

Dunkle Leinentücher können als Sonnensegel zwischen Büsche gespannt werden und schaffen luftige Schattenplätze.

Holzkisten mit einer offenen Seite bieten geschützte Futterstellen.

Wohnen auf dem Balkon

Meerschweinchen können auch auf dem Balkon wohnen. Allerdings ist ein Balkon nur dann geeignet, wenn er alle Kriterien eines Gartengeheges erfüllt: Er darf sich nicht zu stark aufheizen und keine ganztägige Sonneneinstrahlung haben. Ein Katzenschutznetz hält räuberische Katzen und Vögel ab. Die Balkonumrandung reicht bis zum Boden und alle Ritzen müssen gut verschlossen werden, denn Meerschweinchen können sich in Panik fast überall durchquetschen. Häuser und Etagen dürfen natürlich nicht so nah am Rand stehen, dass die kleinen Fellwesen von dort einen Ausbruchsversuch unternehmen können.

Kalter Betonboden eignet sich nicht für den Auslauf, der Boden muss also auf der ganzen Fläche eingestreut oder mit waschbaren Teppichen ausgelegt werden. Schutzhütten und Unterschlüpfe sind selbstverständlich.

▼ **Ein Heuberg** in der Schutzhütte isoliert, dient als Futter und gibt Sicherheit.

Je nach Jahreszeit

Die kleinen Nager vertragen keine starke Hitze oder Kälte, achten Sie deswegen darauf, dass ihre kleinen Untermieter es immer gemütlich haben.

Im Winter

Meerschweinchen können auch ganzjährig im Außengehege leben. Allerdings sind unsere kleinen Freunde nicht gut gegen Kälte geschützt. Sie können sehr leicht Erfrierungen an ihren nackten Füßchen und Öhrchen bekommen und Fellvarianten wie das Rexfell isolieren nicht besonders gut gegen die Kälte. Feuchte Kälte macht unseren Meerschweinchen zu schaffen und gerade ältere Tiere überstehen sehr kalte Winter ohne zusätzliche Wärmequelle nur schwer.

Frischfutter wird bei Winteraußenhaltung in kleinen Portionen gegeben und genau wie Wasser in der Schutzhütte angeboten, damit es nicht einfriert: Überprüfen Sie trotzdem regelmäßig die Temperatur. Um den erhöhten Energiebedarf in Winteraußenhaltung zu decken, bekommen die Meerschweinchen etwas Kraftfutter. Dieses besteht aus 60 % Trockenkräutern und je 10 % Haferflocken, geschälten Sonnenblumenkernen, Trockengemüse und kaltgepressten Kräuterpellets.

GUT DURCH DEN WINTER

Nur ganz gesunde Meerschweinchen dürfen im Außengehege überwintern.

Die Gruppe muss aus mindestens vier, besser sechs Meerschweinchen bestehen, damit diese mit ihrer Körperwärme die Schutzhütte aufwärmen können.

Nur Meerschweinchen, die schon den Sommer im Außengehege verbracht haben, dürfen dort auch überwintern.

Die Schweinchen dürfen im Winter nicht stundenweise in die warme Wohnung geholt werden, da der Temperaturwechsel nicht gut vertragen wird.

In der Schutzhütte darf die Temperatur nicht unter den Gefrierpunkt sinken. Wird es zu kalt, sind zusätzliche Wärmequellen, wie Wärmekissen oder Wärmelampen, notwendig.

Meerschweinchen in Winteraußenhaltung benötigen energiereicheres Futter.

Im Sommer

Heiße Sommer stellen den Meerschweinchen-halter vor große Probleme. Unsere kleinen Fell-nasen können nicht schwitzen oder hecheln, um sich Kühlung zu verschaffen. Sie verlangsamen bei großer Hitze ihre Aktivität, und wird ihnen zu warm, kann es leicht zu einem Hitzschlag kommen. Temperaturen über 25 °C können bereits gefährlich werden. Deshalb ist es wichtig, sowohl in der Wohnung als auch im Außenge-hege einige Regeln zu beachten.

Basics: Langhaarige Meerschweinchen sollten vor allem im Sommer einen luftigen Kurz-haarschnitt bekommen (siehe Seite 53). Ach-ten Sie auf eine gute Belüftung des Geheges. Die Meerschweinchen müssen jederzeit die Möglichkeit haben, kühle Schattenplätze und mehrere Wasserstellen aufzusuchen. Vermeiden Sie bei Wohnungsgehegen über Mittag direkte Sonneneinstrahlung und verdunkeln Sie dann die Fenster. Bei starker Hitze sind Transporte zu vermeiden oder nur in klimatisierten Fahr-zeugen durchzuführen. Die Klimaanlage sollte aber nur leicht kühlen und die Tiere dürfen auf keinen Fall direkt davorgestellt werden oder Zug bekommen. Verlegen Sie an sehr heißen Tagen den Gartenauslauf von Wohnungstieren auf die Morgen- und Abendstunden.

▲ *In diesem kleinen Gartenauslauf fühlen sich zwei Schweinchen wohl.*

Kühlung: Große Kacheln unter Etagen sind beliebte und kühle Unterschlüpfe im Sommer. Kühlakkus können in Stofftaschen gewickelt direkt ins Gehege gelegt oder an die Wände gehängt werden. Handelsübliche Klimaanlagen können verwendet werden, sollten aber nicht zu stark herunterkühlen und sie dürfen nicht direkt auf das Gehege pusten. Ventilatoren sind ungeeignet, da der starke Luftzug Lungenprob-leme begünstigt. Feuchte Handtücher können über einen kleinen Teil des Geheges gehängt werden, die verdunstende Feuchtigkeit bietet ebenfalls etwas Abkühlung.

SO NICHT!

Auf keinen Fall dürfen Meerschweinchen im Sommer in einem handelsüblichen Gitterkäfig ohne weiteren Schutz und Auslauf auf den Balkon oder in den Garten gestellt werden. Der Auslauf auf dem Rasen unter einem kleinen Käfigoberteil ist bei starker Sonneneinstrahlung lebensgefährlich!

Einrichtung

Richtig eingerichtet wird aus einem großen Gehege ein gemütliches Zuhause. Dabei geht es nicht nur um Plätze zum Schlafen und Fressen – auch ein klein wenig Luxus sollte in keinem Schweineheim fehlen.

Heuraufen

Meerschweinchen sind echte Heufans, sie fressen die Halme am liebsten überall wo sie gehen und stehen. Verteilen Sie deshalb kleine Heuberge überall im Gehege. Allerdings verschmutzt das Heu auf dem Boden sehr leicht. Damit die Tiere trotzdem sauberes und frisches Heu vorfinden, sind Heuraufen ein wichtiger Bestandteil der Einrichtung. Der Fachhandel bietet viele Varianten an, nicht alle sind uneingeschränkt zu empfehlen. Es ist besonders wichtig, dass die Schweinchen nicht in die Raufen hineinklettern können, sonst verschmutzt das Heu oder die jungen Schweinchen können sich zwischen den Gitterstäben die Beinchen einklemmen. Die Raufen sollten daher entweder so hoch sein, dass die Schweinchen nicht hineinspringen können, oder sie werden von oben mit einem Brett abgedeckt. Ein Gitterabstand von 3–4 cm ist genau richtig, damit Jungtiere nicht ihren Kopf einklemmen können.

Heuraufenideen: Als Basis dienen löchrige Ziegel oder Gasbetonsteine, in die Löcher gebohrt werden. Holzbretter eignen sich weniger – Raufen sollten schwer sein, damit sie von den gierigen Schweinchen nicht umgestoßen werden können. In die Steine werden senkrecht Zweige oder Bambusstäbe gesteckt, das Heu wird in der Mitte angeboten.

In gewaschene Einkaufstaschen aus Leinen werden 4 cm große Löcher geschnitten. Die Taschen werden mit Heu gefüllt und dann mit den Henkeln an den Gehegerand geknotet. Bei Baumwollsocken wird einfach die Spitze abgeschnitten und ordentlich Heu reingestopft, sodass es von beiden Seiten aus der Socke gefressen werden kann. Robuster sind Jeanshosenbeine, die mit Löchern versehen und mit Heu ausgestopft an den Gehegerand gehängt werden.

▲ **Eine gut gefüllte Heuraufe** *darf in keinem Schweinchengehege fehlen. Sie hält das Heu sauber und bietet Beschäftigung.*

▲ **Treffpunkt, Unterschlupf und Blickfang:** *ein schönes, geräumiges Meerschweinchenhaus.*

Näpfe

Gemüse ist neben Wiesengrün das zweitliebste Futter von Meerschweinchen. Wenn möglich wird es ohne Napf angeboten und im Gehege verteilt, um Streitigkeiten zu vermeiden. Dabei darf das Gemüse allerdings nicht in der Einstreu landen. Werden Näpfe verwendet, müssen sie so groß sein, dass die ganze Schweinetruppe bequem daran sitzen kann. Große Auflaufformen aus Keramik oder Glas sowie Blumenuntersetzer aus glasiertem Ton sind dafür ideal. In solchen Futterschalen können Sie Ihren Tieren auch Trockenkräuter anbieten.

Meerschweinchen trinken gern in einer natürlichen Haltung aus einem Napf. Wassernäpfe sollten deshalb in keinem Gehege und keinem Auslauf fehlen.

Handelsübliche Tonnäpfe eignen sich als Wasserstelle. Damit das Wasser sauber bleibt, kann der Napf im vorderen Laufbereich leicht erhöht auf eincr Steinplatte oder einer Etage angeboten werden. Näpfe sind hygienischer als Tränken, da sie täglich leicht ausgespült werden können (siehe Seite 51). Grobe Verschmutzungen kommen zwar vor, sind aber unbedenklich. Tränken können zusätzlich angeboten werden, haben sich mittlerweile allerdings als eher unsauber erwiesen. Vor allem in den Trinkröhren, den Nippeln und auch in den Ecken der Flaschen bilden sich schnell Algen, Schimmel und Bakterien. Diese Stellen sind beim täglichen Säubern der Flasche nur sehr schwer zu erreichen.

Verstecke

Damit sich unsere kleinen Fellknäuel beim Schlafen unbeobachtet und sicher fühlen können, schätzen sie dunkle Ruheplätze. Etagen und große Unterstände sind dafür gut geeignet und sehr beliebt. Diese Ruheplätze werden vor allem im hinteren Bereich des Geheges an einer dunklen Rückwand eingerichtet. Optimal sind Tischetagen ab einer Größe von 40 x 40 cm. Diese Etagen bestehen einfach aus einer Holzplatte mit vier Kanthölzern als Beinen darunter. Optimal ist eine Höhe von 20–25 cm. Der Größe der Etagen sind keine Grenzen gesetzt: Wird der gesamte hintere Bereich eines Geheges damit ausgestattet, kann sich eine ganze Gruppe zum gemeinsamen Schlafen darunter zurückziehen. Große Etagen werden gerne als zusätzliche Wohnfläche genutzt.

Damit die Schweinchen leicht auf die Etagen gelangen, können ihnen Rampen als Aufstiegshilfe angeboten werden. Für eine 22–25 cm hohe Etage werden Rampen von etwa 45–50 cm Länge benötigt, damit der Aufstieg nicht zu steil ist. Weidenbrücken oder Korkplatten eignen sich gut. Auch lackierte Holzbretter, auf die im Abstand von 5 cm jeweils ein 3 mm starkes Hölzchen quer als Trittsicherung geklebt wurde, sind möglich.

Häuser sind für Meerschweinchen nicht optimal, denn gerade bei Rangproblemen kommt es darin immer wieder zum Streit. Werden Häuser angeboten, müssen diese über mindestens zwei große Türen verfügen, die so angebracht sind, dass die Schweinchen schnell durch das Haus hindurchrennen können. Die Öffnungen müssen mindestens 20 x 30 cm groß sein, daher haben sich Kaninchenhäuser bewährt. Im Handel sind bisher nur wenige geeignete Eckhäuser in einer passenden Größe und mit zwei Durchgängen zu bekommen.

Wilde Meerschweinchen legen sich im hohen Gras regelrechte Pfade an, die sie immer wieder abgehen und wo sie sich sicher fühlen. Auch unsere Meerschweinchen bewegen sich gern auf sicheren Pfaden. Ein Teil der Lauffläche wird deshalb mit Korkhalbröhren, Holzbrücken, Weidenbrücken, Raschel-, Stoff- und anderen Tunneln gestaltet. Richtig angelegt, bieten diese künstlichen Pfade den Schweinchen sichere Wege zu Futternäpfen und Ruheplätzen. Alle Tunnel sollten mindestens 20 cm breit und 15 cm hoch sein, damit die Meerschweinchen auch mit vollem Bauch noch durchpassen und bei einer Konfrontation mit einem Artgenossen im Tunnel wenden und zurücklaufen können.

Kuschelige Schlafplätze

Ein bisschen Luxus für kleine verwöhnte Fellnasen muss sein, denn Schlafen ist ihr liebstes Hobby und sie wissen gemütliche Schlafplätze durchaus zu schätzen. Besonders beliebt sind Kuschelrollen und -säcke. Sie bestehen meist innen aus Fleecestoff und außen aus einem Leinen- oder Baumwollstoff und sollten immer so groß sein, dass ein Schwein samt Heuvorrat gut hineinpasst. Manche Meerschweinchen mögen Hängematten, dazu kann einfach eine alte Leinentasche oder ein entsprechendes Stück Stoff zwischen zwei Etagen gehängt werden. Kuschelsachen sind im Zoofachhandel zu bekommen, allerdings leider nur selten passend für Meerschweinchen. Mein Tipp: Gehen Sie in die Abteilung für Katzen oder Frettchen. Die dort angebotenen Betten, Stoffhöhlen, Rascheltunnel und -säcke sind für Meerschweinchen hervorragend geeignet.

KUSCHELKISSEN SELBST GEMACHT

Diese Kissen eignen sich toll zum Kuscheln und für Transportboxen. Sie können in der Waschmaschine gewaschen und im Trockner oder auf der Heizung getrocknet werden. So geht's:

▶ Grundlage sind kleine Leinenkissenbezüge oder Leinentaschen ohne Henkel.

▶ Alle Nähte werden doppelt nachgenäht.

▶ Als Füllung eignet sich handelsübliche Weichholzeinstreu.

▶ Die Kissen werden mit einer Doppelnaht fest verschlossen.

LINKTIPP

Kuschelsachen sind bei Meerschweinchen sehr beliebt. Diese können einfach selbst genäht werden. Viele tolle Nähanleitungen finden Sie auf *www.spikeskleinewelt.de*.

▼ *Sich verstecken,* ein *Nickerchen machen, hindurch flitzen – eine Kuschelrolle bietet viele Möglichkeiten.*

▲ **Genüsslich** wird das Maisblatt zerlegt. Grünfutter aller Art ist nicht nur lecker, sondern auch gesund.

Das schmeckt!

Meerschweinchen sind kleine Schleckermäuler, die den ganzen langen Tag am liebsten nichts anderes tun würden als schlafen und sich den Bauch füllen.

Und genau das dürfen sie auch, denn ihre Verdauung erfordert es, dass sie bis zu 60 Mahlzeiten am Tag zu sich nehmen und die sollten sehr genau auf ihre Bedürfnisse abgestimmt werden.

Meerschweinchen haben eine ganz besondere Verdauung, die an die Lebensweise ihrer wilden Verwandten angepasst ist. Diese bewohnen in den Anden eine sehr karge Gegend und ernähren sich dort hauptsächlich von Gräsern, Kräutern, Blättern, Rinden und Zweigen. Diese Kost ist nicht sehr nahrhaft und deshalb müssen die kleinen Tiere sehr viel fressen, um ihren Energiebedarf zu decken. Ihre nachwachsenden Zähne sind darauf ausgerichtet den ganzen Tag Futterpflanzen zu zernagen und zu zermahlen.

Getrocknete Mahlzeiten

Das gesündeste Futter für Meerschweinchen sind Gräser und Kräuter. Da diese nicht immer frisch zur Verfügung stehen, werden sie auch getrocknet angeboten.

Heu

Heu besteht aus verschiedenen Gräsern und besonders hochwertiges Heu enthält Kräuter. Es muss immer in großen Mengen im Gehege vorhanden sein. Dabei ist es völlig normal, dass Meerschweinchen bis zu 50 % davon nicht fressen. Sie wissen sehr genau, was gesund ist und welche Pflanzenteile aus dem Heu nicht so gut in ihr Futterspektrum passen oder vielleicht sogar giftig sind. Geben Sie den Tieren also immer die Möglichkeit, ihr Heu zu selektieren.

Hochwertiges Heu riecht frisch, es sieht grünlich aus, lässt sich locker aufschütteln, hat lange Stängel und es sind verschiedene Grassorten zu erkennen. Staubt es sehr stark, könnte es schimmelig sein und sollte dann nicht verfüttert werden. Besonders gut geeignet sind Heuarten, die mit Heißluft oder auf Heureutern getrocknet wurden. Auch hochwertiges Bioheu ist empfehlenswert. Das Heu des ersten Schnittes enthält besonders viel Rohfaser sowie Proteine und Fette. Heu des zweiten Schnittes enthält mehr Kräuter, da diese erst dann richtig wachsen. Eine Mischung aus beiden Heuschnitten ist für Meerschweinchen besonders günstig.

Kaufen Sie Ihr Heu getrost beim Pferdehof im Ballen und geben Sie es großzügig ins Gehege. Heulage und Grassilage sind allerdings nicht geeignet und führen bei Meerschweinchen zu Verdauungsstörungen.

Heu selbst machen: Mähen Sie große Mengen Gras mit der Sense. Verteilen Sie es großflächig auf der Wiese, auf einem großen Wäscheständer, der mit einem Leinentuch abgedeckt ist oder auf Reutern (Holzgestelle). Wenden Sie es täglich.

Sobald es von der Sonne getrocknet wurde, wird es locker in Leinenbettbezüge oder Jutesäcke gefüllt und an einen warmen, trockenen Ort gehängt und hin und wieder aufgeschüttelt. Nach etwa sechs Wochen ist das Heu durchgetrocknet und darf verfüttert werden.

Gras und Kräuter können auch mehrere Stunden bei 50 °C im Ofen getrocknet werden und sind dann sofort für den Verzehr geeignet.

▼ **Vor dem Heumahl** *gab es wohl eine Möhre, wie die Spuren am Hals deutlich verraten ...*

HEU UND KRÄUTER LAGERN

Lagern Sie Heu und Trockenkräuter möglichst luftig, locker, aber fest verschlossen. Für Heu sind Pappkartons, Leinensäcke, Bett- und Kissenbezüge sowie Wäschetonnen aus Stoff gut geeignet. Kräuter lagern in Blechdosen sicher vor Parasiten. Tüten und Plastikdosen eignen sich nicht, hier staut sich Restfeuchte und kann den Inhalt durch Schimmel verderben.

Trockenkräuter

Meerschweinchen sollten regelmäßig getrocknete Kräuter, Blüten und Blätter zusätzlich bekommen, da sie Proteine, Mineralien und Vitamine bieten. Sie können Mischungen fertig im Fachhandel kaufen oder aus den verschiedenen Kräutern selbst herstellen. Pro Meerschweinchen und Woche sollten gut 50–100 g Trockenkräuter verfüttert werden. Mehr braucht es nicht zu sein, denn Kräuter sind sehr kalziumhaltig und könnten bei übermäßiger Gabe Blasen- und Nierenprobleme begünstigen.

Trockenfutter

Trockenfutter ist nur bei Winteraußenhaltung, Trächtigkeit, starker Gewichtsabnahme nach Krankheiten oder im Alter nötig. Getreide- und zuckerfreie Produkte können dann bis zu einer Menge von einem Teelöffel am Tag pro Tier angeboten werden. Optimal sind Mischungen aus getrockneten Kräutern, etwas Trockengemüse und einigen fetthaltigen Samen oder Kernen. Bei sehr dünnen oder kranken Tieren oder in sehr kalten Wintern, wenn Außenhaltungstiere viel Energie verbrauchen, kann ein halber Teelöffel Haferflocken zusätzlich gegeben werden.

KEIN FAST FOOD!

Ein mit Trockenfutter oder Pellets gefüllter Napf ist nicht nur unnötig, sondern auch ungesund. Die meisten Fertigfutter enthalten zu viel Stärke, Fett und mitunter sogar Zucker.
Pellets sind nicht sinnvoll, sie machen die Schweinchen zu satt und bietet den Zähnchen kaum Abnutzung.

HÄTTEN SIE´S GEWUSST?

Die natürliche Nahrung von Wildmeerschweinchen enthält viel Vitamin C. Meerschweinchen haben deshalb genau wie wir Menschen nie die Fähigkeit entwickelt, Vitamin C aufzuspalten und zu speichern. Daher müssen sie täglich 10–20 mg Vitamin C mit der Nahrung aufnehmen – Gemüse und Kräuter reichen dazu aus. Künstliches Vitamin C in Form von Pulver oder Tropfen ist unnötig und kann bei starker Überdosierung sogar zu gesundheitlichen Problemen führen.

Gemüse und Co.

Das Schwein lebt nicht vom Heu allein. Täglich frisches Gemüse bietet nicht nur Abwechslung, es ist lebensnotwendig, damit die kleinen Schleckermäuler gesund bleiben. Gemüse bietet viele Nährstoffe wie das dringend benötigte Vitamin C sowie Kohlenhydrate. Darüber hinaus nehmen viele Meerschweinchen ihre benötigte Flüssigkeit lieber über Gemüse als aus dem Wassernapf auf.

Mindestens 100 g gemischtes Gemüse braucht jedes Meerschweinchen täglich, um gesund zu bleiben, aber erst 200 g und mehr bieten den verwöhnten Schleckermäulern genug Auswahl und machen sie richtig satt. Geben Sie am besten immer so viel Gemüse, dass es gerade so bis zur nächsten Fütterung aufgefressen wird. Es darf auch gern etwas übrig bleiben – nur so können die Tiere ausreichend selektieren und fressen in Ruhe und ohne Stress. Die Gemüserationen werden über den Tag verteilt. Bekommen die Meerschweinchen ihr Gemüse nur einmal am Tag, schlingen sie es vielleicht gierig herunter: Das führt zu einer sehr ungleichmäßigen Belastung des Darmes und zu massiven Darmproblemen.

Das Gemüse wird natürlich gewaschen oder geschält, ganz so, als würden Sie es für sich selbst zubereiten. Meerschweinchen sind keine Mülleimer, Schalen und Küchenabfälle gehören nicht in die Futternäpfe. Wird das Gemüse in kleine Stückchen geschnitten, kann jedes Gruppenmitglied an das Lieblingsfutter kommen.

Mit der Gemüsegabe kann auch das Gewicht unserer Meerschweinchen ein wenig beeinflusst werden. Sind die Meerschweinchen zu dünn, wird mehr Knollengemüse wie Möhren oder Fenchel gegeben. Sind sie hingegen sehr moppelig, dann bekommen sie mehr Blattgemüse und wasserhaltiges Futter wie Salate oder Gurken.

Das Grün vieler Gemüsepflanzen gehört zu den Highlights in der Schweinchenernährung. Kohlrabiblätter, Möhrengrün, Fenchelgrün, Radieschenblätter und Sellerieblätter werden von den meisten Meerschweinchen gern gefressen. Natürlich wird nur frisches Grün gegeben, nicht die matschigen Reste aus der Grünabfalltonne. Sind Kohlrabiblätter und Möhrengrün schon etwas welk, können sie ein paar Stunden in einen Wassereimer gelegt werden, danach sind sie wieder richtig knackig.

Geben Sie täglich mindestens fünf verschiedene Gemüsesorten, um Mangelerscheinungen vorzubeugen. Entfernen Sie bei Salaten den Strunk und die äußeren Blätter. Geben Sie nie zu viel Salat auf einmal, er ist sehr nitrathaltig und kann außerdem zu Fehlgärungen im Darm führen.

Mein Tipp: *Gewöhnen Sie die Schweinchen vorsichtig an neue Gemüsesorten. Zu Anfang werden nur kleine Stückchen gegeben. Werden diese vertragen, kann die Menge gesteigert werden.*

KOHL IST NICHT GLEICH KOHL

Nicht alles, was Kohl heißt, ist auch Kohl und manche Sorten sind leichter verdaulich als andere. Chinakohl, Brokkoli, Grünkohl und Kohlrabi werden gut vertragen. Hartkohlsorten wie Weißkohl, Rotkohl und Rosenkohl sollten eher nicht gegeben werden.
Lagern Sie Kohl vor dem Verfüttern einige Tage im Kühlschrank, dann wird er bekömmlicher. Geben Sie nur ganz gesunden Tieren Kohl und achten Sie immer auf eine ausgewogene Mischung mit anderen Futtermitteln.

Futterliste

In dieser Futterliste finden Sie die wichtigsten Futtermittel. Damit die kleinen Racker genug Vitamin C bekommen, ist hinter jedem Gemüse die enthaltene Menge an Vitamin C angegeben. Sie sehen es sicher schon: Wer seinen Schweinchen täglich ein Stück Paprika oder Fenchel gibt, der braucht keine künstlichen Vitamine.

Obst

Als besonderes Leckerchen bekommen unsere kleinen Schweinchen hin und wieder ein Stück Obst. Allerdings sollte das Obst keine Hauptmahlzeit werden, ein Stückchen am Tag ist ausreichend.

Trockenobst ist hingegen viel zu süß und kann Übergewicht und hohe Blutzuckerwerte verursachen. Geeignet sind beispielsweise Äpfel, Birnen, Brombeeren, Erdbeeren mit Blättern, Hagebutten, Heidelbeeren, Himbeeren, Johannisbeeren, Wassermelone und Weintrauben.

Gemüse	Vitamin C in mg/100 g
Brokkoli	110
Chicorée	10
Chinakohl	35
Eisbergsalat	3,9
Endivien	10
Feldsalat	30
Fenchel	93
Grünkohl	110
Gurken	10
Kohlrabi	64
Möhren, Karotten	7
Pastinaken	17
Paprika	rot 150 gelb 294 grün 192
Petersilienwurzeln	41
Tomaten	22
Topinambur	4

Geeignete Kräuter
Basilikum
Beifuß
Brennnessel (nur getrocknet)
Brombeerblätter
Dill
Gänseblümchen
Giersch
Golliwoog
Grünes Getreide
Kamille
Klee (wenig)
Kornblumen
Liebstöckel
Löwenzahn
Schafgarbe
Sonnenblumen

▲ *Diese Futterliste* zeigt nur eine kleine Auswahl an geeigneten Futtermitteln.

▲ **Kleine Gourmets:** *Möhrenstifte werden von Meeries meist lieber gefressen als -stückchen.*

Leckerchen und Knabberkram

Was für uns die Schokolade zwischendurch, ist für das Schweinchen die Erbsenflocke. Die meisten Meerschweinchen lieben diese gepressten Erbsen ganz besonders. Aber der Fachhandel bietet noch mehr: Gepresste Heuballen, Heucobs und andere Delikatessen aus reinem Heu oder aus Kräutern sind als gesundes Beschäftigungsfutter beliebt. Allerdings ist nicht alles gesund, was als Genussmittel für Meerschweinchen angeboten wird. Drops, Knabberstangen und viele andere Leckerchen enthalten Zutaten, die sie schwer verdaulich machen. Diese Futtermittel sehen zwar nett aus, machen die Schweinchen aber krank und führen zu Übergewicht. Verzichten Sie zum Wohl Ihrer Tiere auf alle Zusatzfuttermittel, die Zucker, Melasse, Honig, Getreide oder Getreidenebenprodukte, Milch oder nicht näher deklarierte Zusatzstoffe enthalten!

Fettfutter

Meerschweinchen benötigen Omega-3- und Omega-6-Fettsäuren. Diese sind vor allem in Gras- und Kräutersamen, aber auch in Sonnenblumenkernen enthalten. Pro Woche brauchen Meerschweinchen etwa einen Teelöffel gemischte Samen oder geschälte Sonnenblumenkerne. Bei trockener Haut oder starkem Gewichtsverlust kann die Menge verdoppelt werden.

Frisch von der Wiese

Durchgehendes Grasen auf einer Wildwiese, das ist der Traum jedes Meerschweinchens und für die Ernährung wäre es optimal. Allerdings ist das in der Heimtierhaltung kaum möglich. Selbst im Außengehege ist eine Wiese von den kleinen Fressmaschinchen schnell abgegrast und bietet dann kaum noch Abwechslung. Wenn Sie die Möglichkeit haben, sollten Sie deshalb im Sommer täglich frisches Grün pflücken. Verschiedene Gräser, Wiesenkräuter und Blumen dürfen gern in unbegrenzter Menge gegeben werden. Allerdings müssen die Schweinchen vor dem ersten Raussetzen auf eine Wiese oder den unbegrenzten Grünfuttergaben langsam an das frische Grün gewöhnt werden. Sonst überfressen sie sich und bekommen Verdauungsprobleme. Geben Sie also zu Anfang des Sommers nur eine Handvoll Wiesengrün und steigern Sie die Menge langsam.

LECKERE ZWEIGE

Meerschweinchen sind Nagetiere und ihre Zähne brauchen Arbeit. Kleine Ästchen, Zweige und sogar Rinden sind dafür hervorragend geeignet. Beim intensiven Benagen von Zweigen wird das Zahnfleisch der Tiere massiert, die Zähne werden abgenutzt und die kleinen Racker haben auch gut zu tun. Blätter dürfen gern als Beschäftigungsfutter an den Zweigen bleiben. Im Winter können sie auch getrocknet angeboten werden. Geeignet sind beispielsweise Zweige von Apfelbaum, Birke, Birnenbaum, Erle, Haselnussstrauch, Linde und Pappel.

Futtersammeln

Damit das Futter von der Wiese wirklich sauber und gesund ist, gibt es einige Regeln, die beim Sammeln beachtet werden sollten.

▶ Sammeln Sie nur Pflanzen, die Sie genau bestimmen können und von denen Sie wissen, dass sie als Futter geeignet sind.
▶ Sammeln Sie nicht an landwirtschaftlich bebauten Flächen, hier wird viel Düngemittel eingesetzt.
▶ Sammeln Sie nicht an Wiesenrändern, an denen viele Hunde Gassi gehen. Gehen Sie tiefer in die Wiese hinein, dort kommen die meisten angeleinten Hunde nicht hin.
▶ Wiesen, auf denen viele Wildkaninchen wohnen, sind durch Köttel an den Rändern gut zu erkennen. Hier besteht die Gefahr der Krankheitsübertragung.
▶ Schütteln Sie das gesammelte Grün gründlich aus, bevor Sie es mitnehmen. So können Sie einen großen Teil der enthaltenen Parasiten und Schädlinge entfernen.

TABU

Gras aus dem Rasenmäher darf nicht verfüttert werden. Es ist zu kurz geschnitten und gärt sehr schnell. Außerdem sind die Klingen eines Rasenmähers mit Öl geschmiert, das beim Mähen an das Gras gelangt. Abgase vom Benzinrasenmäher sind ebenso schädlich. Wollen Sie das Gras verfüttern, verwenden Sie zum Mähen eine Sense.

Wellness

Wellness für Meerschweinchen – übertreibe ich da jetzt nicht ein wenig? Aber nein, auch Meerschweinchen fühlen sich nur in einer sauberen Umgebung und mit gut gepflegtem Fell und pedikürten Füßchen wohl.

Großputz

Wissenschaftliche Studien haben es bewiesen: Meerschweinchen bevorzugen ein sauberes Gehege. Leider sind sie allerdings echte Ferkel: Sie erleichtern sich dort, wo sie sich wohlfühlen und deshalb sind die beliebtesten Schlafecken häufig nass. Befreien Sie deswegen diese Plätze alle zwei bis drei Tage von feuchter Einstreu und streuen Sie sie frisch ein. Das ganze Innen- oder Außengehege wird einmal die Woche komplett gesäubert. Nachdem die Einstreu entsorgt ist, wird der Boden gewischt – verzichten Sie wegen der empfindlichen Meerschweinchennasen auf starke Reiniger. Ist der Boden stark mit Urinstein verschmutzt, hilft Essig oder Zitronensäure. Verunreinigte Einrichtungsgegenstände werden bei Bedarf heiß abgewaschen. Die Schweinchen dürfen ihr Reich wieder beziehen, sobald sich der Staub von der frischen Einstreu gelegt hat.

Im Außengehege ist gerade im Winter Sauberkeit besonders wichtig. Täglich werden feuchte Stellen aus der Schutzhütte entfernt, um Krankheiten und Unterkühlung vorzubeugen. Die Schutzhütte wird am besten zweimal in der Woche gründlich gereinigt. Entfernen Sie regelmäßig die Köttel aus dem Auslaufgehege.

SAUBERES ZUBEHÖR

Näpfe und Tränken werden täglich gereinigt und sollten deswegen doppelt vorhanden sein. Keramik kann in die Geschirrspülmaschine. Wird von Hand gespült, ist gründliches Nachspülen wichtig, um schädliche Spülmittelreste zu entfernen. Plastikflaschen werden täglich mit einer Flaschenbürste geschrubbt und das Trinkröhrchen mit Wattestäbchen gesäubert. Bei Stempelflaschen ist es möglich, die Metallteile regelmäßig auszukochen.

Einstreuvarianten

Eine gute Einstreu ist saugfähig, staubarm, hygienisch, weich und möglichst geruchsneutral. Als saugfähiger Untergrund eignen sich: Holzspan, Pflanzeneinstreu, Hanf, Miscantus, Maisgranulat, Buchengranulat und Leineinstreu. Pelletierte Einstreu ist nicht geeignet, sie ist für empfindliche Meerschweinchenfüße zu grob und kann bei Verzehr zu Darmerkrankungen führen. Auch parfümierte Einstreuarten sind ein Tabu. Unter Etagen und beliebten Schlafplätzen wird dick eingestreut, damit es trocken bleibt. Geben Sie grundsätzlich immer eine Lage Heu oder Stroh über die Einstreu. Dieses leitet anfallende Ausscheidungen nach unten ab und sorgt so dafür, dass die Oberfläche trocken bleibt. Außerdem wird verhindert, dass Futtermittel mit Holzstaub „eingepudert" werden. Stroh oder Heu allein reicht als Einstreu nicht aus, da es keine Flüssigkeit aufsaugt.

Die vorderen Laufbereiche des Geheges und der Auslauf können auch mit Tüchern ausgelegt werden. Dies erleichtert den Schweinchen dort das Laufen und Frischfutter kann darauf sauber angeboten werden. Gut geeignet sind Leinenbettbezüge, Bettlaken, Flickenteppiche oder Fleecedecken. Textilien sollten regelmäßig gewaschen werden, ein zweites Set zum Wechseln ist deshalb sinnvoll. Auf Etagen können Handtücher gelegt werden, damit sie besonders kuschelig werden.

Im Außengehege können große Bereiche mit Sand oder Rindenmulch ausgestreut werden.

▶ **Beim Tragen** *werden alle Beinchen abgestützt und das Meerie vor der Brust fixiert.*

▶▶ **Langhaarige Tiere** *benötigen mitunter etwas Fellpflege. Am Po ist es sinnvoll, das Fell etwas zu kürzen.*

Körperpflege

Meerschweinchen halten ihr Fell normalerweise selbst sauber und putzen sich intensiv. Auch ihre Krallen nutzen sich in einem großen und gut strukturierten Gehege ab. Allerdings benötigen manche Rassen Hilfe bei der Fellpflege, bei alten oder übergewichtigen Tieren kommt es zu schiefen und zu langen Krallen, und auch im Krankheitsfall wird eine regelmäßige Pflege nötig. Die kleinen Nager wissen übrigens genau, wann ihr Mensch mit der Krallenschere kommt. Auch das zahmste Meerschweinchen verschwindet dann schneller, als man schauen kann. Deshalb empfiehlt es sich, die pflegerischen Maßnahmen während der Gehegereinigung durchzuführen, wenn die Schweinchen ohnehin in einer Box oder einem abgetrennten Gehegebereich warten und dort leichter eingefangen werden können.

Die Grundlage für alle pflegerischen Maßnahmen ist das richtige Hochnehmen und Tragen. Das Meerschweinchen wird zum Hochnehmen mit beiden Händen um den Leib ge-

fasst und hochgezogen. Eine Hand bleibt dann um den Körper gelegt, die andere fasst unter das Schweinchen, um die Beine zu stützen. Das Meerschweinchen wird zum Tragen gegen die Brust gehalten, eine Hand stützt dabei wieder die Füße, die andere fixiert das Tier vorne. Zur Pflege wird das Schweinchen am besten auf ein Handtuch auf einen Tisch gesetzt.

Vorsicht: *Das Tier niemals allein auf dem Tisch lassen, es könnte lossprinten und vom Tisch fallen! Ein paar Erbsenflocken oder Gurkenscheiben vor der Schnauze erleichtern die Pflegemaßnahmen.*

Fellpflege
Kurzhaarige Meerschweinchen benötigen keine Fellpflege. Damit das Fell von langhaarigen Meeries nicht verfilzt und sich kein Schmutz darin fängt, brauchen sie jedoch viel Hilfe. So nett ein langes Fell auch anzusehen ist, für das Meerschweinchen ist diese angezüchtete und unnatürliche Pracht nicht sehr angenehm. Im Som-

mer ist es darunter viel zu warm und sie können das lange Fell nicht selbst putzen. Beim Versuch, das Fell sauber zu halten, verschlucken sie sehr viele lange Haare, was schlimmstenfalls zu einer Verstopfung führen kann. Bürsten empfinden die Meerschweinchen als sehr unangenehm. Deshalb ist es tiergerechter, das Fell regelmäßig auf ein normales Maß zu stutzen. Die Tasthaare am Kopf dürfen jedoch auf keinen Fall gekürzt werden (siehe Seite 9). Mit einer hochwertigen Schere oder einer Schermaschine wird das Fell auf eine Länge von etwa 3–5 cm gekürzt. Anschließend werden Fellreste kurz ausgebürstet. Wenn Sie das nicht möchten, dann kürzen Sie das Fell auf jeden Fall auf Bodenlänge, damit die Tiere beim Laufen nicht auf ihr eigenes Fell treten. Vor allem am Hinterteil ist kurzes Fell eine Erleichterung, damit die Meerschweinchen keine Probleme beim Putzen und bei der Aufnahme des Blinddarmkotes haben. Ist das Fell dort verschmutzt, kann es mit einem feuchtwarmen Waschlappen gereinigt werden.

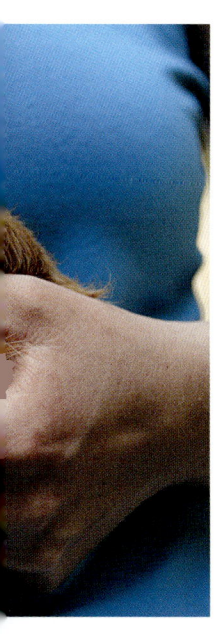
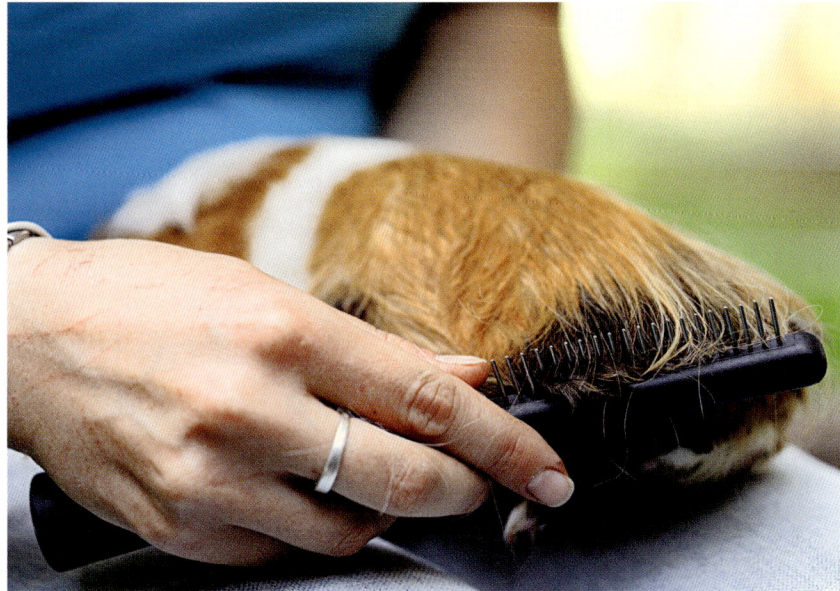

Anal- und Genitalbereich

Unterhalb des Afters verläuft eine flache Tasche aus dünner Haut. Beim Bock enthält sie die Perinealdrüsen, welche eine Flüssigkeit absondern, die Duftstoffe enthält. Um damit sein Revier zu markieren, rutscht der Bock mit dem Po über den Boden. Dabei sammelt sich leider auch allerlei Unrat in dieser Hautfalte, weshalb sie regelmäßig kontrolliert und wenn nötig mit einem Wattestäbchen und etwas Babyöl gereinigt werden sollte.

Aber vergessen Sie nicht, vorher eine Wäscheklammer auf Ihre Nase zu setzen: Der Duft dieser Tasche ist unbeschreiblich.

Medizinische Bäder?

Gesunde Meerschweinchen werden niemals gebadet! Ihre Haut fettet kaum nach und trocknet beim Baden sehr aus, zudem kühlen nasse Meerschweinchen stark aus. Ist aus medizinischen Gründen ein Bad nötig, darf das Tier auf keinen Fall unter den Wasserhahn gehalten werden.

Badeschalen mit Seife oder Medikament und zum Nachbaden werden auf dem Boden aufgestellt, da es hier unbedenklich ist, wenn das Tierchen doch einmal flüchten sollte. Das Schweinchen wird sehr vorsichtig benässt – wobei der Kopf ausgespart wird – und im zweiten Bad abgespült. Abschließend wird es sofort in ein Handtuch gewickelt und abgetrocknet, dann darf es an einem warmen Ort mit Kuschelsack trocknen.

Gesunde Füße

Die nackten Füßchen der Meerschweinchen sind sehr empfindlich und bedürfen regelmäßiger Pflege und gelegentlich auch einer intensiven Pediküre. Die Krallen bestehen aus zwei Teilen: einer dicken, rund wachsenden oberen Krallenplatte und der dünnen Krallensohle. Eingebettet in diese Röhre wächst eine Lederhaut mit eingebetteten Nerven, das Nagelbett.

Fußpflege der besonderen Art sind verschiedene Bodengründe. Bieten Sie Ihren Schweinchen doch mal verschiedene Einstreuvarianten an: Stellen Sie dazu mehrere große Schalen mit Sand, Laub und verschiedenen Einstreuarten auf und schauen Sie, welche die Schweinchen bevorzugen und wie sie darauf laufen.

TIPP: KRALLE VERSCHNITTEN

Haben Sie eine Kralle zu tief abgeschnitten, blutet es und bereitet dem Meerschweinchen Schmerzen. Um die Blutung zu stoppen hilft es, die Kralle zu desinfizieren und ein Tuch darauf zu drücken. Keine Sorge, im Normalfall hört es sehr schnell auf, zu bluten.

Krallen: Als natürliche Krallenpflege haben sich Steine im Gehege bewährt. Ytongsteine oder leicht raue Fliesen werden an solchen Stellen im Gehege angeboten, über die alle Meerschweinchen regelmäßig laufen. Das können beliebte Futterplätze, die Stelle unter dem Wassernapf und natürlich Aufgänge oder Treppen sein.

Allerdings wachsen bei manchen Meerschweinchen schon recht früh die Krallen zur Seite weg, sei es durch eine Fußfehlstellung, Übergewicht oder auch durch mangelnde Abnutzung. Dann ist es besonders wichtig, die Krallen regelmäßig zu kürzen. Lassen Sie sich von einem erfahrenen Meerschweinchenhalter oder Ihrem Tierarzt genau zeigen, wie das geht.

▼ **Unangenehme Prozedur:**
Krallen schneiden. Eine spezielle Krallenschere erleichtert die Arbeit.

Verwenden Sie eine Krallenschere, einen Nagelknipser oder einen speziellen Seitenschneider für die Fußpflege. Die Krallen werden 1 mm über dem Ende des Nagelbetts schräg abgeschnitten. Bei hellen Krallen ist es als roter Strich in der Kralle gut zu erkennen. Dort wo die Kralle nicht mehr rot ist, endet das Nagelbett. Bei dunklen Krallen ist der Strich schlecht zu sehen, manchmal hilft es, mit einer Taschenlampe von unten gegen die Kralle zu leuchten.

Ballen: Bei Meerschweinchen mit Übergewicht oder einer Fußfehlstellung bildet sich am hinteren Ballen häufig eine Hornhaut. Diese wächst an der Außenseite meist als dicker Hornstreifen. Lassen Sie sich vom Tierarzt oder erfahrenen Halter zeigen, wie die Hornhaut vorsichtig mit einer Nagelschere geschnitten wird.

Ist die Haut am Ballen dunkelrot oder sehr trocken, wird sie durch das regelmäßige Eincremen mit Heilsalbe beruhigt. Behandeln Sie den Ballen aber nicht häufiger mit Salben auf Wasserbasis, da er dann zu weich wird. Achtung: Ist der Ballen sehr warm, stark gerötet oder angeschwollen, droht ein Ballenabszess. Suchen Sie dann unverzüglich einen Tierarzt auf.

Aromatherapie

Meerschweinchen orientieren sich stark an Gerüchen. Um ihre Sinne anzuregen, können sie regelmäßig verschiedene Kräuter sowie hin und wieder zusätzlich zum Wasser verdünnte Kräutertees bekommen. Künstliche Aromen, Duftkerzen oder Duftöle sind allerdings tabu, da sie die Atemwege reizen. Kräuter und Tees haben unterschiedliche Wirkungen. Basilikum wirkt beruhigend und appetitanregend, Breitwegerich entzündungshemmend, Dill appetitanregend, Pfefferminze entkrampfend bei Verdauungsstörungen und Kamille positiv bei Entzündungen und Atemwegserkrankungen. Brennnessel und Löwenzahn haben harntreibende und entwässernde Inhaltsstoffe.

Aktiv im Team

Meerschweinchen sind neugierig und bewegen sich gern, wenn sie dazu angeregt werden. Manche mögen sogar die Interaktion mit ihrem Halter.

Die wichtigste Grundvoraussetzung für alle Spiele mit den Schweinchen ist allerdings, dass diese freiwillig mitmachen: Sie dürfen niemals gezwungen oder überfordert werden.

Höhepunkt des Tages

Beim Auslauf halten Ihre Schweinchen Körper und Geist fit, indem sie beispielsweise kurze Sprints einlegen, wilde Sprünge zeigen und alles Neue beschnüffeln, ertasten und ausprobieren. Bieten Sie Ihren kleinen Freunden täglich die Gelegenheit dazu, entweder in der ganzen Wohnung oder räumlich begrenzt. Meerschweinchen sind allerdings etwas ängstlich und mögen keine großen und leeren Flächen. Gestalten Sie den Auslaufbereich deswegen mit verschiedenen Röhren, Tunneln, Etagen oder großen Pappkartons mit mehreren Eingängen, damit die kleinen Angsthasen ihren Spielplatz vorsichtig Schritt für Schritt erobern können.

▶ *An einem Futterbaum müssen sich Meerschweinchen sehr anstrengen, um an das begehrte Gemüse zu kommen.*

Stubenrein

Meerschweinchen werden selten stubenrein. Sie setzen Kot und Urin meist nicht bewusst ab und bringen deshalb Erziehungsmaßnahmen nicht mit ihren Ausscheidungen in Verbindung.

Meerschweinchen urinieren und kötteln jedoch häufig dort, wo sie sich gern aufhalten und wohlfühlen, z. B. unter Couch, Heizung, Tisch und Schränken sowie in Zimmerecken. Um den Boden an diesen Stellen zu schützen, können Sie streugefüllte Schalen, Zeitungen oder waschbare Tücher auslegen. Meerschweinchen werden

diese Toilettenecken wirklich gern benutzen, wenn sie dort auch Heu vorfinden, denn Fressen gehört zum Entspannen dazu.

Verzichten Sie auf den Versuch, Ihre kleinen Freunde zur Stubenreinheit zu erziehen oder aus bestimmten Bereichen der Wohnung fernzuhalten, etwa indem Sie sie erschrecken, jagen, fangen, mit der Blumenspritze nasssspritzen oder in die Hände klatschen, laut rufen oder gar schlimmere „Erziehungsmaßnahmen" anwenden und die Ticre dann in die Toilette setzen. Sehr schnell lernt das Meerschweinchen so, dass der Mensch böse und der Auslauf ein gefährlicher Ort ist. Die Tiere sind unentspannt, bewegen sich weniger und sitzen die meiste Zeit des Auslaufes verschreckt in den Toiletten, weil sie sich nur dort noch sicher fühlen. So bleibt die Wohnung vielleicht sauberer, aber um welchen Preis?

Gefahren beim Auslauf

Sichern Sie Gefahrenquellen, damit Ihre Meerschweinchen ihren Auslauf unbeschwert genießen können.

Was?	Meerschweinchen könnten …	Wie sichern?
Giftige Zimmerpflanzen	… daran knabbern und sich vergiften.	Giftige Pflanzen hochstellen, abfallende Blätter entfernen.
Kabel	… daran nagen und einen Stromschlag bekommen.	Kabel durch Kabelkanäle ziehen oder unter dem Teppich verlegen.
Käfigtür	… mit ihren Pfoten darin hängenbleiben.	Offene Käfiggittertüren während des Auslaufs abdecken oder entfernen.
Türen	… beim Öffnen und Schließen eingeklemmt werden.	Vorsichtig öffnen und sich vergewissern, dass beim Öffnen oder Schließen kein Tier in der Nähe ist.
Glatte Böden	… sich auf glatten Böden unterkühlen oder darauf ausrutschen.	Mit waschbaren Decken, Teppichen oder Betttüchern auslegen.
Schranktüren	… in den Schrank klettern.	Immer geschlossen halten.
Menschenfuß	… aus Versehen getreten werden.	Immer darauf achten, wo sich die Meerschweinchen befinden.

Das macht Spaß

Um den Auslauf interessanter zu gestalten, eignen sich besonders Futterspiele. Meerschweinchen haben ja bekannterweise immer Hunger und lassen sich mit Futter zur Aktivität anregen.

Futterbaum: Senkrecht in einen Ziegelstein oder einen Gasbetonstein gesteckte Zweige sind besonders interessant, wenn auf ihnen Gemüsestücke aufgespießt werden.

Futterkiste: Ein mit Heu oder Stroh gefüllter Karton, in den große Löcher als Eingänge geschnitten sind, dient als Futterversteck für Leckerlis.

Futterhalter: Wäscheklammern aus Holz, Möhrenhalter oder Futterspieße aus dem Fachhandel können mit Gemüse bestückt aufgehängt werden. Achten Sie aber darauf, dass diese Futterhalter immer aufliegen und nicht frei schwingen, sonst schlagen sie den vorwitzigen Schweinchen auf die Nase, wenn diese daran ziehen.

Gemüsefußball: Spielbälle aus Plastik oder Weidenbälle werden mit Erbsenflocken oder Trockengemüse bestückt und von den Tieren über den Boden gekullert, bis etwas herausfällt. Als Fußball kann auch eine hartschalige Kirschtomate oder eine Weintraube dienen, diese werden meist lange herumgerollt, bis die Schweinchen einen Ansatz zum Anbeißen finden.

Kräuterbüschel: Sammeln Sie im Sommer verschiedene Kräuter. Diese werden zu kleinen Sträußen gebunden und kopfüber zum Trocknen aufgehängt. Wenn sie ganz trocken sind, können sie so ins Gehege gehängt werden, damit die kleinen Schweinchen sich ordentlich danach recken müssen.

GEMÜSEVERSTECK

In die Mitte einer Papprolle werden einige kleine Gemüsestückchen gegeben und an beiden Seiten wird Heu davorgestopft. Nun müssen die Meerschweinchen das Heu herausziehen und die Rolle lange drehen, werfen und wenden oder annagen, um das Gemüse zu bekommen.

Spielsachen

Es gibt auch einige Spielsachen, die Meerschweinchen interessant finden und mit denen sie sich intensiv beschäftigen. Lustig anzuschauen ist es, wie die Tiere sich bei neuem Spielzeug verhalten: Die kleinen Fellnasen tun erst einmal eine ganze Weile einfach so, als wäre es gar nicht da – es könnte ja gefährlich sein. Dann fangen sie an, vorsichtig daran vorbeizulaufen - meist ein ranghohes Tier vorweg und die anderen hinterher. Mit lang ausgestrecktem Hals wird das neue Ding im Gehege dann sehr vorsichtig beschnuppert und erkundet. Die Entdecker werden jedoch sogar richtig mutig, wenn sie im oder am Spielzeug eine Gurkenscheibe finden. Rascheltunnel in jeder Größe sind sehr beliebt. Die neugierigen Schweinchen rennen gern im Schweinsgalopp hindurch und scheinen sogar das Rascheln interessant zu finden.

Eine dünne Papiertüte wie eine Brötchentüte wird interessant, wenn sie mit Heu gefüllt und mit Trockengemüse bestückt im Auslauf liegt.

Meerschweinchen haben gute Nasen und finden damit jedes Leckerchen. Bauen oder kaufen Sie ihnen ein Futterbrett. Dafür wird ein dickes Brett mit Löchern ausgestattet, in welche geschälte Sonnenblumenkerne oder Erbsenflocken gelegt werden. Darüber werden kleine Holzplättchen gelegt, anfangs so, dass die Schweinchen sehen können, dass etwas darunter ist. Sie werden die Holzplättchen mit den Füßen oder der Schnauze beiseiteschubsen. Wenn Sie verschiedenfarbige oder verschieden geformte Plättchen nehmen, können Sie den Schweinchen sogar beibringen, nur unter bestimmten Plättchen nach Futter zu suchen.

▶ **Mit Petersilie** lässt sich jedes Schweinchen bereitwillig locken.

Freundschaft schließen

Meerschweinchen sehen ihren Menschen in erster Linie als Futterbringer. Das ist allerdings kein schlechter Anfang und darauf kann aufgebaut werden: Vom Futterbringer zum interessanten Spielzeug ist es nicht weit.

Futter als Lockmittel

Damit die Tiere ihre Scheu vor ihrem Menschen verlieren, bekommt jedes täglich zumindest das erste Gemüsestück aus der Hand. So kommen manche Schweinchen schon nach wenigen Tagen fröhlich angelaufen, machen Männchen und zwicken mitunter sogar versehentlich gierig die Hand, die sie füttert. Andere sind zurückhaltender und es braucht mehr Geduld bis zum ersten Kontakt. Bei besonders ängstlichen Schweinchen verbringt der Halter viele Stunden mit gutem Zureden und Gurkenstückchen als Freundschaftsgabe im Gehege. Umso schöner ist es aber dann, wenn auch dieses Meerie endlich aus der Hand frisst.

FUTTERZEITEN

Viele Meerschweinchen fordern ihr Futter bei jeder sich bietenden Gelegenheit lauthals schreiend ein, etwa wenn sie morgens ihre Menschen hören oder sich die Kühlschranktür öffnet. Gewöhnen Sie die Tierchen an einen geregelten Tagesablauf, um das Geschrei in Grenzen zu halten: Füttern Sie zu festen Zeiten und lassen Sie sich nicht durch anhaltendes Gequieke zu einer Zwischenmahlzeit erpressen. Leiten Sie die Fütterung mit einem Pfiff, einem Wort oder einem anderen Geräusch ein.

Menschliche Kletterburg

Legen Sie sich während des Auslaufs einfach auf den Boden und lassen Sie die Meerschweinchen näherkommen. Nach einer Weile werden die Meeries Sie interessiert erkunden und besonders vorwitzige klettern auch schon mal über Ihre Beine oder Arme. Geben Sie nicht der Versuchung nach, die Tiere dann zu streicheln, damit sie nicht weglaufen. Spielen Sie lieber mit ihnen, indem Sie sie mit Erbsenflocken oder Gemüsestückchen unter Ihren Beinen oder Armen entlanglocken und die Schweinchen animieren, über Ihre Beine zu laufen oder über die Arme zu springen. So können Sie den Tieren sogar kleine Choreografien beibringen und es schaut dann aus, als würden sie um ihren Menschen herumtanzen. Das klappt allerdings nur solange, bis die Schweinchen satt sind. Sind die Gurken verspeist, wird der Mensch recht schnell langweilig.

Gesundheitsvorsorge

Die beste Gesundheitsvorsorge für jedes Meerschweinchen ist eine gesunde Ernährung, viel Bewegung, eine gut funktionierende Gruppe und wenig Stress.

Aber auch bei einer vorbildlichen Haltung können Meerschweinchen krank werden. Ein krankes Schwein verliert schnell seinen Rang in der Gruppe und ist in freier Natur eine leichte Beute. Daher verbergen die Nager ihre Erkrankung meist recht lange vor anderen. Umso wichtiger ist es, dass Sie Ihre Tiere genau beobachten und beim kleinsten Krankheitszeichen zügig einen Tierarzt aufsuchen. Harmlos erscheinende Krankheiten können beim Meerschweinchen schnell lebensgefährlich werden. Liegt das Schweinchen erst einmal schlapp im Gehege, verweigert die Nahrung und ist abgemagert, ist es für eine erfolgreiche Behandlung häufig schon zu spät.

Gesundheitscheck

D as Frühstück ist der optimale Zeitpunkt, um den ersten Gesundheitscheck am Tag durchzuführen. Gesunde Meerschweinchen stehen am Morgen schon Spalier und warten auf ihr Frühstück. Nur manche älteren Semester verschlafen mitunter und müssen geweckt werden. Erscheint ein Schweinchen nicht zur Mahlzeit, nimmt es kein Futter auf oder frisst es sehr langsam, ist unverzüglich ein Tierarzt aufzusuchen. Beobachten Sie die Tiere auch beim Fressen: Sabbern, langsames Kauen, geringere Futteraufnahme oder das Verschmähen von sonst beliebten Futtermitteln kann auf Zahnprobleme oder andere Erkrankungen hinweisen.

TÄGLICHER SCHNELL-CHECK

- ▶ Sind alle Meerschweinchen zur Fütterung erschienen?
- ▶ Fressen alle Tiere die gewohnte Menge und kauen sie normal?
- ▶ Benehmen sie sich wie immer und laufen sie munter herum?
- ▶ Ist der Kot normal geformt und kommt kein ungewöhnlicher Geruch aus dem Gehege?

Wöchentlicher Check

Einmal in der Woche werden die Meerschweinchen gründlich untersucht. Das findet am besten zusammen mit der Krallenpflege und dem Gehegeputzen statt, so muss man die Meerschweinchen nicht zu häufig einfangen. Die Meerschweinchen werden nach der unten stehenden Checkliste von Kopf bis Fuß untersucht. Das Gewicht und Besonderheiten werden jede Woche notiert, damit Veränderungen an den Tieren sofort auffallen.

Ganz normal

Hinter den Ohren befinden sich bei allen Meerschweinchen kahle Stellen.

Sowohl Böcke als auch Weibchen haben Zitzen.

Etwa 1 cm oberhalb des Afters liegt die Kaudaldrüse. Sie ist leicht gewölbt und als ovale Region mit pigmentierter Haut sichtbar und produziert Duftstoffe und flüssiges Sekret. Manchmal kann sie auch stark verklebt sein und muss dann vorsichtig mit einem feuchten Lappen und etwas Babyöl gereinigt werden.

Krankheiten

Alle Auffälligkeiten, die Sie an Ihrem Meerschweinchen feststellen, müssen von einem Tierarzt behandelt werden!

Check	Auffällig
Gewicht	Abnahme pro Woche mehr als 50 g oder stetig
Fell	Schorf, vermehrtes Kratzen, Fellverlust, lichtes Fell
Augen	Verklebt, verschlossen, trübe, tränen, stehen hervor
Nase	Verklebt, feucht, Schorf, häufiges Niesen
Maul	Schorfig, Maul stark feucht durch massives Sabbern
Zähne	Vorderzähne abgebrochen, zu lang
Ohren	Schuppig, verklebt, schief gehaltener Kopf
After	Schmutzig, verklebtes Fell, starker Geruch, kein Kotabsatz
Genitalbereich	Ausfluss aus der Scheide, Penis nicht eingezogen, feuchter Bauch rund um den Genitalbereich
Bauch	Hart, schmerzempfindlich, klingt hohl, blubberndes Geräusch
Beine	Hinken, nachziehen, hoppeln
Körper	Wucherungen, Verdickungen unter der Haut

Mögliche Ursachen

Verdauungsstörungen, Infektionen, Zahnprobleme, Mangelernährung

Parasiten, Pilz, Hormonprobleme, Allergien, Mangelernährung

Verletzung, Infektion, Backenzahnprobleme, Fremdkörper im Auge, Pilzbefall, Kalkablagerungen, erhöhter Blutdruck, Rolllid, Tränennasenkanalverengung

Infektion der oberen Atemwege, Fremdkörper in der Nase, Tränennasenkanalverengung

Lippengrind, Mangelerscheinung, Zahnprobleme

Fehlendes Nagematerial, Verletzung

Infektion des Innenohres, Pilzbefall, Parasiten

Durchfall, Madenbefall, Verstopfung

Penis nicht eingezogen: Verletzung oder Verschmutzung des Penis;
blutiger Ausfluss oder feuchter Genitalbereich: Nieren- oder Blasensteine, Harnwegsinfektion;
eitriger oder blutiger Ausfluss: Gebärmutterinfektion

Aufgasung, Verstopfung, Tumore

Verstauchungen, Frakturen, Prellung, starke Blähungen, Arthrose

Tumore, Zysten, Abszesse, Fettgeschwulst, Atherome

Bald wieder gesund

Erkrankte Meerschweinchen bedürfen der unverzüglichen Behandlung durch einen Tierarzt. Die Pflege und durchgehende Versorgung der kranken Schützlinge liegt dann in den Händen der Halter.

Tierarztbesuch

Erkundigen Sie sich rechtzeitig, welcher Tierarzt in Ihrer Nähe viel Erfahrung mit der Behandlung von Meerschweinchen hat. Bringen Sie das erkrankte Meerschweinchen nur in einer geeigneten Transportbox (siehe Seite 11) zum Tierarzt. Im Winter verhindert ein handwarmes Wärmekissen oder eine Wärmflasche das Auskühlen des kranken Tieres. Fahren Sie zügig zum Tierarzt und vermeiden Sie Umwege. Erklären Sie ihm genau, welche Beobachtungen zum Tierarztbesuch geführt haben und welche Erkrankungen das Tier schon hatte. Geben Sie bitte auch eigene Behandlungs- und Medikationsversuche an, damit der Tierarzt keine Medikamente doppelt verabreicht und Wechselwirkungen ausgeschlossen werden können.

▶ **Gemütlich und sicher:** *Die Transportbox wird mit Handtüchern, Kuschelsäcken und Futter ausgestattet.*

CHECKLISTE TIERARZTBESUCH

▶ Nehmen Sie einen Zettel mit den Daten (Alter, Gewichtsentwicklung, Besonderheiten) des Tieres mit.

▶ Notieren Sie alle Informationen zur Diagnose und Behandlung.

▶ Lassen Sie sich den weiteren Verlauf der Krankheit und die Wirkung der Medikamente erklären.

▶ Notieren Sie alle Medikamentennamen, welche Mengen Sie wann geben müssen und was ggf. in der Praxis verabreicht wurde (das kann bei Notarztbesuchen wichtig sein).

▶ Lassen Sie sich genau erklären, welche weiteren pflegerischen Maßnahmen Sie ergreifen müssen.

Krankenpflege

Der Tierarzt stellt die Diagnose, verordnet Medikamente und operiert notfalls das Meerschweinchen. Aber nur der Halter pflegt seinen Hausgenossen wieder gesund.

Unterbringung: Kranke Meerschweinchen sollten nicht von ihren Artgenossen getrennt werden, sie verlieren dann häufig die Lust am Fressen. Ist eine Separation nötig, weil die Artgenossen das kranke Tier nicht in Ruhe lassen oder es frisch operiert ist, wird es in Sicht- und Hörweite untergebracht.

Wärme: Kranke Meerschweinchen, die sich wenig bewegen oder gerade operiert wurden, kühlen schnell aus, bieten Sie daher in einem Teil des Geheges Wärme an. Dafür eignen sich spezielle Wärmekissen, in Handtücher gewickelte Wärmflaschen oder eine Wärmelampe. Das Meerschweinchen darf dabei aber auf keinen Fall überhitzen und muss selbst entscheiden, ob es die Wärme nutzt oder nicht. Kuschelsäcke helfen, die Wärme zu halten.

Päppeln: Verweigert das kranke Meerschweinchen die Nahrungsaufnahme, nimmt es stark ab oder frisst es viel zu wenig, braucht es zusätzliches Futter. Bei Zahnerkrankungen oder Unwohlsein reicht es schon aus, ihm Päppelbrei, klein geraspeltes oder mit dem Sparschäler in Streifen geschnittenes Gemüse, frische Kräuter oder ein paar Haferflocken anzubieten. Frisst es gar nicht freiwillig, muss es zwangsernährt werden. Den dazu nötigen Päppelbrei können Sie über Ihren Tierarzt beziehen oder aus Gemüse und Kräutern selbst mit einem Mixer herstellen (siehe Linktipp Seite 68). Zusätzlich kann ungezuckerter Baby-Gemüsebrei angeboten werden. Der Brei wird mit einer

Spritze (ohne Nadel) oder einer spe-ziellen Päppelspritze direkt ins Mäul-chen hinter die Schneidezähne gege-ben. Über den Tag verteilt wird etwa 1/20 des Körpergewichtes verabreicht. Wehrt sich das Meerschweinchen sehr stark gegen das Päppeln, fixieren Sie es, indem Sie es in ein Handtuch wickeln oder in einen Kuschelsack stecken.

Linktipp: *Mehr Infos zu Päppelbrei gibt es unter http://diebrain.de/Iext-papp. html*

Medikamentengabe: Häufig muss mit kleinen Tricks gearbeitet werden, damit die Schweinchen ihre Medika-mente nehmen. Suspensionen oder pulverisierte Tabletten werden mit Früchtemus oder Päppelbrei ver-abreicht. Manchmal kann man das Medikament auch auf Gurkenschei-ben streuen oder in Salat- oder Basi-likumblätter wickeln. Eine Gabe über das Trinkwasser ist nicht sinnvoll, da dabei nicht genau genug dosiert wer-den kann. Werden Salben aufgetra-gen, sollten Sie das Meerschweinchen hinterher intensiv beschäftigen, damit es sich die Salbe nicht ableckt.

▸ **Wenn der Päppelbrei** schmeckt, schlecken Meerschweinchen ihn auch freiwillig aus der Spritze.

OPERATIONEN

Vor einer Operation werden die Meerschweinchen normal gefüttert, sie dürfen nicht für die Narkose ausgenüchtert werden. Nach der Operation und auf dem Weg nach Hause wird Wärme zugeführt, das Tier darf aber nicht überhitzen. Im Quarantänegehege sollte das Schweinchen direkt nach der Operation sein Lieblingsfutter vorfinden.

Das alte Meerschwein

Ab dem fünften Lebensjahr gehört ein Meerschweinchen zu den Oldies. Augen und Gehör werden schlechter und mitunter bekommen die Tiere Gelenkprobleme und verlieren Gewicht. Manche älteren Semester schlafen viel.

Achten Sie darauf, dass die alten Schweinchen bei der Fütterung nicht zu kurz kommen und legen Sie ihnen Leckerbissen direkt vor das Mäulchen.

Geben Sie ihnen mehr Knollengemüse, Samen und Kerne und gut verdauliches Grünfutter und achten Sie darauf, dass die Alten viel trinken, um die Nieren in Gang zu halten. Hin und wieder etwas Kräutertee ist erlaubt. Alte Tiere vertragen kalte Winter nicht mehr gut und müssen in Außenhaltung immer eine Wärmequelle aufsuchen können. Damit blinde und behinderte Tiere sich gut im Gehege bewegen können, wird dieses nicht mehr umgestaltet und auf leicht begehbare Wege geachtet.

Abschied

Alte und erfahrene Meerschweinchen sind nützliche Mitglieder in der Gruppe. Irgendwann bauen sie allerdings massiv ab. Wenn sie schwer erkranken, die Nahrung dauerhaft verweigern, starke Schmerzen haben, inaktiv werden und tierärztliche Behandlungen keinen Erfolg mehr zeigen, dann ist es Zeit für den Abschied. Lassen Sie das Tier nicht lange leiden. Das Einschläfern ist der letzte Freundschaftsdienst, den wir unserem Tier erweisen können.

▶ **Ältere Semester** *lassen es ruhig angehen und genießen Wärme und Ruhe im Garten.*

Kinde

▲ **Schwangere Meerie-Mädels** sind trotz
ihres dicken Bauches aktiv und munter.

Kinderstube

Klein und putzig sind Meerschweinchenbabys nur eine sehr kurze Zeit, nach wenigen Wochen sind sie ausgewachsen und bleiben dann für viele Jahre große Meerschweinchen, die gut versorgt werden wollen.

Nur einmal Babys?

Der Wunsch nach süßen Meerschweinchenbabys ist sehr verständlich. Aber es wäre unverantwortlich, deshalb einfach zwei Meerschweinchen zusammenzusetzen, um einmal Junge zu haben. Bei der Kreuzung bestimmter Meerschweinchenrassen und -farben können aufgrund genetischer Besonderheiten nicht lebensfähige oder schwer behinderte Junge geboren werden.

Auch gesunde Meerschweinchen können Krankheiten vererben. Nur wer ein umfassendes Wissen über die Herkunft seiner Tiere, genetische Besonderheiten und die Meerschweinchenzucht besitzt, darf mit einer gezielten Zucht anfangen.

Es muss vorab auch bedacht werden, dass die Jungen schon mit drei Wochen selbst geschlechtsreif werden können. Sie müssen dann nach Geschlechtern getrennt und in entsprechenden Gruppen untergebracht werden. Die Böcke müssen kastriert werden und nicht alle Böcke vertragen sich untereinander. Ein

Meerschweinchenbock, der einmal gedeckt hat, lässt sich häufig nur schwer wieder in seine Böckchengruppe integrieren, Einzelhaft ist aber Tierquälerei. So können dann schnell viele Gehege benötigt werden, denn es ist nicht immer einfach, ein neues Zuhause für die kleinen Racker zu finden.

M+W = GANZ VIELE

Schon mit drei bis vier Wochen können Meerschweinchen geschlechtsreif werden. Mit nur drei Monaten können sie selbst zum ersten Mal Nachwuchs bekommen: Das können dann gleich bis zu sechs Kinder werden. Jedes Weibchen kann im Jahr bis zu 30 Junge bekommen.

Geschlechtsbestimmung

Da die Böcke Hoden und Penis einziehen können und beide Geschlechter Zitzen haben, ist das Geschlecht nicht gleich auf den ersten Blick zu erkennen. Wenn man aber genau hinschaut, ist zu erkennen, dass die weiblichen Geschlechtsteile ein Y bilden. Bei den Böcken ist ein i zu erkennen. Drückt man bei den Böcken kurz vor der Geschlechtsöffnung vorsichtig auf den Bauch und streicht in Richtung Geschlecht, tritt der Penis hervor.

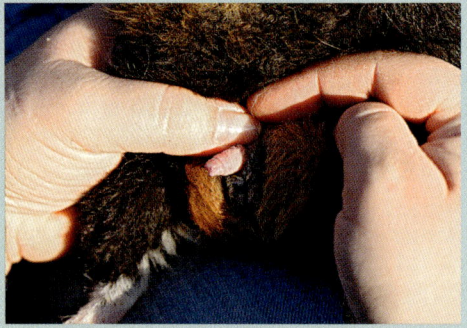

▲ **Böckchen** zeigen beidseitig Hodensäcke. Der Penis tritt hervor, wenn man direkt darüber leicht drückt.

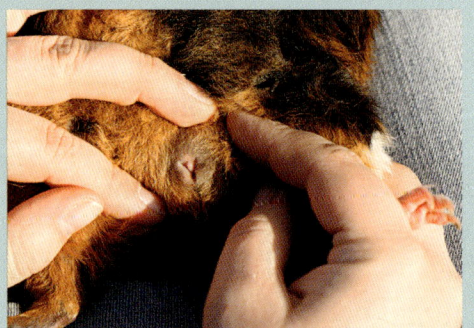

▲ **Weibchen** zeigen ein klar erkennbares Y. Geschlechtsteil und Afteröffnung liegen näher beieinander.

Wenn es doch passiert ist

Es ist also nicht ratsam, einfach irgendwelche Meerschweinchen zusammenzusetzen, um Nachwuchs zu produzieren. Wenn die Böcke rechtzeitig kastriert wurden, ist auch nicht mit „Unfällen" zu rechnen. Ist das Meerschweinchen bei der Anschaffung schon schwanger, dann müssen Sie sich mit dem nun Folgenden ein wenig vertraut machen.

Trächtigkeit

Etwa alle 14–18 Tage ist ein ausgewachsenes Meerschweinchenweibchen empfängnisbereit. Ist es dann mit einem Bock zusammen und hat er sie erfolgreich umworben, darf er aufreiten, und schon bald sind Junge unterwegs.

Ab dem vollendeten ersten Lebensjahr wird das Becken von Weibchen, die noch keine Jungen hatten, unelastisch und die Geburt wird dann sehr risikoreich. Wird das Weibchen allerdings vor dem sechsten Lebensmonat gedeckt, bleibt es in seiner Entwicklung zurück. Die Tragzeit dauert je nach Wurfgröße etwa 63–72 Tage. Umzug und Wechsel der Käfiggenossen sollten während der Schwangerschaft vermieden werden, Stress kann zu Fehl- und Frühgeburten führen. Das trächtige Weibchen benötigt eine sehr hochwertige Kost mit mehr Eiweiß, Kohlenhydraten und Vitaminen.

Im letzten Drittel der Schwangerschaft nimmt das Weibchen massiv an Gewicht und Umfang zu. Zwei Wochen vor der Geburt sind die Jungen nicht nur deutlich zu ertasten, ihre Bewegungen im Bauch der Mutter sind sogar gut zu sehen.

Geburt

Das Weibchen baut sich für die Geburt kein
Nest, sondern sucht sich eine ruhige Stelle im
Gehege. Sie bringt die Jungen sitzend zur Welt.
Jedes wird von ihr abgenabelt, von der Eihaut
befreit und trockengeleckt. Manchmal helfen
dabei sogar andere Meerschweinchen aus der
Gruppe.

ALARM

Meerschweinchenweibchen legen sich zur
Geburt nicht hin und haben nur schwache
Wehen. Liegt ein Weibchen, krampft es, hat es
Durchfall, blutet es aus der Scheide und wird
die Geburt nicht normal eingeleitet, ist unver-
züglich ein Tierarzt aufzusuchen!

Kinderstube

Die Jungen kommen voll entwickelt zur Welt
und sehen schon wie komplett fertige Mini-
Meerschweinchen aus. Bereits wenige Stunden
nach der Geburt laufen sie durch das Gehege
und erkunden in den folgenden Tagen nach und
nach ihre Welt. Sie verlieren sogar schon zwei
Wochen vor der Geburt ihre Milchzähne und
fangen bald nach der Geburt an alles zu pro-
bieren, was Mama auch frisst. Sie werden von
der Mutter in den ersten zwei bis drei Wochen
mehrmals täglich gesäugt. Die Jungen schlafen
in den ersten Wochen auch häufig eng an die
Mutter gekuschelt oder suchen die Nähe ande-
rer Meerschweinchen. Aber nach wenigen Wochen ist es mit der Mutter-Kind-Idylle vorbei:
Die Jungen werden schnell selbstständig und
sind dann das, was sie ihr Leben lang bleiben –
kleine Individualisten.

Service

Sie sind neugierig geworden auf die große Welt der Meerschweinchen? Mehr Infos erhalten Sie unter den angegebenen Links sowie in den empfohlenen Büchern und Zeitschriften.

Adressen

▶ **Nager Info**
  E-Mail: info@nager-info.de
  Internet: **www.nager-info.de**
▶ **Bundesarbeitsgruppe Kleinsäuger e. V. im Schulzoo-Leipzig e. V.**
  Binzer Straße 14
  04207 Leipzig
  Tel. / Fax.: 0 341 940 37 77
  E-Mail: bag@schulzoo.de
  Internet: **www.bag-kleinsaeuger.de**
▶ **Tierärztliche Vereinigung für Tierschutz e. V. (TVT)**
  Bramscher Alle 5
  49565 Bramsche
  Internet: **www.tierschutz-tvt.de**

Linktipps

▶ **www.meerschweinchenhaltung.de**
  Meerschweinchen Info – ausführliche Informationsseite rund um Meerschweinchen
▶ **www.meerikinderinfo.de.ki**
  Die Infoseite für junge Meerschweinchenfans
▶ **www.dmsl.de**
  Deutsche Meerschweinchen-Mailingliste mit umfangreichem Meerschweinchen-Einmaleins

▶ **www.tierische-eigenheime.de.tl**
  Große Sammlung von Meerschweincheneigenbauten
▶ **www.ostseeschnuten.de**
  Meerschweinchen erklären ihre Welt
▶ **www.giftpflanzen.ch**
  Giftpflanzeninfo der Universität Zürich
▶ **www.tierschutzvereine.de**
  Verzeichnis von Tierschutzvereinen und -heimen

Zum Weiterlesen

▶ Altmann, F. D.: *Meerschweinchen.* Verlag Eugen Ulmer, 2004
▶ Busch, M.: *Pflanzen für Heimtiere – gut oder giftig?* Verlag Eugen Ulmer, 2009
▶ Ewringmann, A.; Glöckner, B.: *Leitsymptome bei Meerschweinchen, Chinchilla und Degu. Diagnostischer Leitfaden und Therapie.* Enke Verlag, 2005
▶ Kremer, P.: *Steinbachs großer Pflanzenführer.* Verlag Eugen Ulmer, 2005
▶ Wilde, C. : *Traumwohnungen für meine Meerschweinchen.* Verlag Eugen Ulmer, 2008
▶ *Rodentia: Kleinsäuger-Fachmagazin.* Natur und Tier-Verlag

Dank der Autorin

Ich bedanke mich bei allen Verlagsmitarbeitern, die mir immer wieder neue Buchprojekte ermöglichen. Meiner Lektorin und Fotografin Heike Schmidt-Röger danke ich für ihre schönen Fotos und ihr umsichtiges Lektorat. Bei Rotraud Hellhake bedanke ich mich für ihre Anregungen und ihr Korrekturlesen. Bei allen Korrekturlesern und Freunden bedanke ich mich für die vielen Anregungen. Der Firma *getzoo.de* danke ich besonders für die vielen tollen Einrichtungsgegenstände, die wir zusammen entwickeln konnten und die uns für die Fotos zur Verfügung gestellt wurden. Und meinem Ehemann danke ich besonders dafür, dass er ohne zu murren sein Wohnzimmer mit einer großen Schweinerei teilt.

Verlag und Fotografin danken der Firma *Trixie Heimtierbedarf & Co. KG*, die zahlreiches Meerschweinchen-Zubehör für unsere Fotos zur Verfügung gestellt hat.
Heike Schmidt-Röger dankt besonders Corinna Becker, Vera Robeneck *(www.robeneck.de.tl)* und ihrer Familie sowie Familie Lotz für die gelungenen Fototage und die tatkräftige Unterstützung.

Nachgeschlagen

Bildnachweis

Sabrina Herrmann: S. 28/29 Mitte
Alle anderen Fotos sowie das Titelbild stammen von Heike Schmidt-Röger
(www.schmidt-roeger-foto.de).

Impressum

Hinweis

Die in diesem Buch enthaltenen Empfehlungen und Angaben sind von der Autorin mit größter
Sorgfalt zusammengestellt und geprüft worden. Eine Garantie für die Richtigkeit der Angaben kann
jedoch nicht gegeben werden. Autorin und Verlag übernehmen keinerlei Haftung für Schäden und
Unfälle. Der Leser sollte bei der Anwendung der in diesem Buch enthaltenen Empfehlungen sein
persönliches Urteilsvermögen einsetzen.

Der Verlag Eugen Ulmer ist nicht verantwortlich für die Inhalte der im Buch genannten Websites.

Bibliografische Information der Deutschen Nationalbibliothek

Die Deutsche Nationalbibliothek verzeichnet diese Publikation in der Deutschen Nationalbibliogra-
fie; detaillierte bibliografische Daten sind im Internet über http://dnb.d-nb.de abrufbar.

© 2012 Eugen Ulmer KG
Wollgrasweg 41
70599 Stuttgart (Hohenheim)
E-Mail: info@ulmer.de
Internet: www.ulmer.dc

Lektorat: Heike Schmidt-Röger, Kathrin Gutmann
Herstellung: Ulla Stammel
Umschlagentwurf, Innenlayout und dtp: Sojus Design/Kai Twelbeck, Stuttgart
Druck und Bindung: Westermann Druck, Zwickau
Printed in Germany

ISBN 978-3-8001-7531-4